노화를 극복하는 동물들

노화를 극복하는 동물들

초판 1쇄 발행 2025년 1월 10일

지은이 백승준

펴낸곳 서울대학교출판문화원
주소 08826 서울 관악구 관악로 1
도서주문 02-889-4424, 02-880-7995
홈페이지 www.snupress.com
페이스북 @snupress1947
인스타그램 @snupress
이메일 snubook@snu.ac.kr
출판등록 제15-3호

ISBN 978-89-521-3678-7 03490

노화를 극복하는 동물들

ANIMAL STUDY FOR ANTI-AGING

백승준 지음

서울대학교출판문화원

동물들이 살아가는 방식, 환경에 적응하는 방법, 그리고 그들의 유전자를 연구하다 보면 생각보다 많은 교훈을 얻을 수 있다. 동물들은 수백만 년 동안 진화를 거치면서 자연에서 생존하는 방법과 생식을 위한 다양한 방식을 개발해 왔다. 이러한 전략에는 그들이 환경과 자원을 최대한 활용하며, 자신의 건강과 적응력을 유지하는 데 도움이 되는 원리가 포함되어 있을 것이다. 그리고 그중 건강하면서 오래 번식할 수 있는 방법을 선택하며 진화해 왔을 것이다.

인간은 오랜 세월 동물들과 함께 살아오는 동안 그들의 행동과 습관을 관찰하고 모방하며 많은 것을 배워 왔다. 한 가지 확실한 사실은 야생에 살고 있는 동물부터 산업동물과 반려동물까지, 동물들은 자연법칙을 따르려 하고, 욕심을 부리지 않는 단순하고 균형 잡힌 삶을 살아간다는 것이다. 이러한 그들의 자연스러운 행동은 스트레스를 줄이고 신체적·정신적 건강을 유지하는 방법을 우리에게 알려주기도 한다.

특히 오래 사는 동물들에게서 장수와 노화 방지의 비결을 배울 수 있을 것이다. 예를 들어 동물들은 원시적인 운동과 활동을 통해 신체를 유지하며, 자연스러운 먹이를 선택해 건강을 지키기도 하고, 사회적으로 연결되어 함께 협력하며 생존하고, 스트레스와 불안을 줄이기 위해 자연의 변화를 받아들인다. 또한 특정 동물의 경우 진화 과정을 거치면서 어떤 이유로 장수와 관련된 유전자가 발현하면서 수명이 증가했으리라 추정한다. 이러한 동물들의 행동 원리와 삶의 방식, 그리고 특정 유전자의 발현은 인간의 노화 연구에도 적용할 수 있다. 우리는 동물들로부터 배운 지혜와 방식을 토대로 단순하고 균형 잡힌 생활을 유지하며, 건강과 행복을 추구할 수 있고, 더 나아가 건강하게 오래 살 수 있는 근거를 배울 수도 있다.

본인은 유전학을 전공한 사람으로서 각 동물의 유전자 숫자, 염기서열 길이, 염색체 숫자 등이 동물들을 특정화하고 수명을 결정하는 데 아무런 영향을 주지 않는다는 점이 흥미로웠다. 예를 들어 설치류 동물들끼리도 유전자는 거의 비슷하지만 수명은 10~30배까지 차이가 나는 것을 볼 수 있다. 그러므로 특정 동물들이 장수하는 원인을 같은 종/과보다 유전학적·행동학적·환경적 요인으로 나누어 살펴보고, 최신 연구를 바탕으로 이를 분석해 종합한 책이 필요하다고 느꼈다.

또한 장수와 노화 방지에 대한 기본 지식을 습득하고, 더 나아가 우리 인간도 동물에서 진화했다는 점을 인지하며, 동물들을 통해 우리가 건강하게 오래 사는 비결을 배운다면 우리 삶이 더 행복해질 수 있다고 생각한다. 수의과대학 교수로서 미국과 한국에서 가르친 경험도 이 책을 집필하는 데 도움이 되었다. 이 책을 통해 독자들이 동물들을 보는 관점을 단순함에서 다양함으로 넓히고, 그들의 장수 비법을 배워서 행복하고 건강하게 살아가는 데 도움이 되기를 바란다.

2024년 12월

백승준

차례

제6장 노화를 극복하며 장수하는 척추동물들

제7장 장수하는 무척추동물들

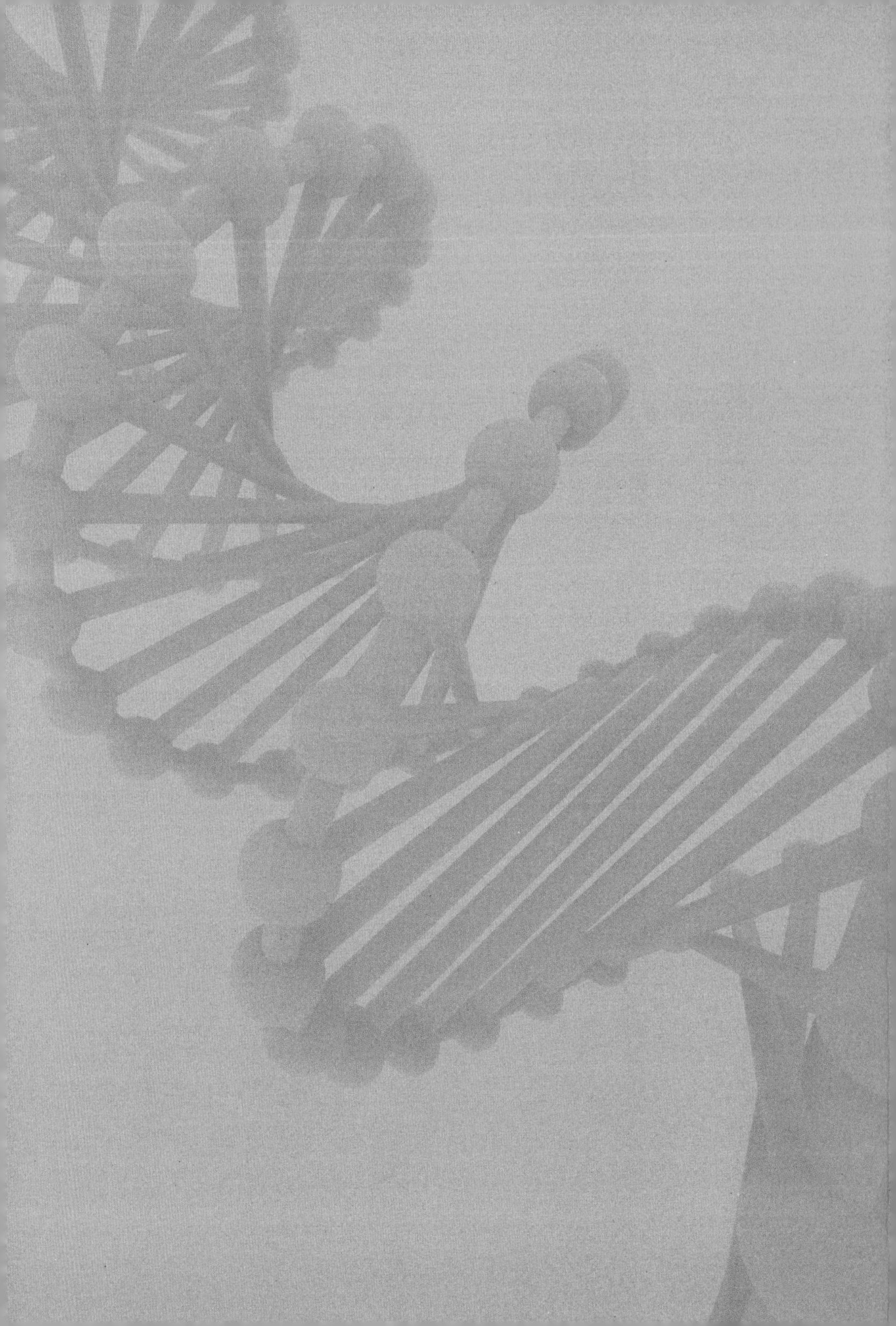

제1장

노화의 특징

동물들의 장수 비결을 알아보기 전에 장수와 노화에 대한 특징을 살펴보자. 많은 연구자가 노화의 특징을 연구해 왔기에 이에 대한 정보를 습득하면 장수하면서 건강하게 살아가는 데 도움이 될 것이다.

노화 관련 연구자들은 실험실에서 간단히 수행할 수 있는 모델, 즉 세포 수준에서의 노화 연구와 동물들을 이용한 노화 연구를 통해 다양한 과제를 수행 중이다. 현재 노화 메커니즘에 대한 지식 대부분은 마우스(*Mus musculus*) 또는 쥐(*Rattus norvegicus domestica*)를 사용한 전통적인 모델 시스템과 초파리(*Drosophila melanogaster*)와 선충(*Caenorhabditis elegans*)을 사용한 일반적인 모델 시스템으로 얻는다. 이러한 모델의 장점은 손쉬운 취급, 짧은 생존 기간, 표준화된 균주 및 표준화된 사육, 이미 알려져 있는 게놈(Genome) 및 전사체(Transcripts) 염기서열 데이터를 포함한 풍부한 정보 등이다. 또한 유전학과 유전공학이 발전하면서 녹인(Knock-in) 및 녹아웃(Knockout) 모델의 사용, 배아 줄기세포로 구성된 세포주들의 이용, 유전자 편집과 같은 크리스퍼-캐스9(CRISPR-Cas9) 시스템[1]을 이용한 유전공학 기술에 대한 접근성이 상용화되면서 관련 유전자 발현 패턴을 조작하는 등 장수/노화 방지의 근본적인 생물학적 메커니즘을 조사하는 게 가능해졌다. 하지만 몇 가지 모델로만 시야를 좁히면 노화를 결정하는 근본적인 생물학적 과정의 근간이 되는 작용기작에 대한 폭넓고 일반적인 이해를 얻으려는 노력에 차질이 생길 수 있다. 또한 최대 수명이 수일에서 수개월에 불과한 초파리와 선충이 노화 속도가 4만 배나 차이가 나는 동물계 전체를 대표한다고 보기에도 한계가 있다. 수명이 최대 3~4년인 마우스와 쥐는 인간에 비해 수명이 짧기에 포유류, 조류, 양서류, 파충류의 수명과 신체 크기 사이의 상관관계를 고려할 때도 많은 문제가 된다.

위에서 열거한 표준 모델들을 이용해 얻은 분자생물학적이거나 유전학적인 장수/노화 방지 메커니즘에 대한 지식을, 예상보다 수명이 긴 인간 같은 종에 적용하는 것이 올바른가에 대해서는 여전히 불분명하다. 그러므로 수명이 짧은 종을 대상으로 개발된 수명 연장 효과가 수명이 긴 생명체에서 동일한 효과를 나타내지 않을 수 있음을 기억할 필요가 있다.

1 제니퍼 다우드나(Jennifer Doudna) 미국 버클리캘리포니아 대학교(UC버클리) 교수와 에마뉘엘 샤르팡티에(Emmanuelle Charpentier) 독일 막스플랑크연구소 단장이 유전자 가위인 크리스퍼-캐스9의 작동 원리를 시험관 실험으로 규명해 새로운 유전체 교정 기법을 개발한 것이다. 이에 대한 공로를 인정받아 두 사람은 2020년 노벨화학상을 수상했다.

1. 노화와 만성질환

노화는 다양한 스트레스 요인에 대한 반응으로 손상이 축적되어 모든 장기 시스템에 걸쳐 점진적이고 비가역적인 신체 기능 저하를 초래하는 보편적인 생물학적 과정이다. 1925년 빛의 강도가 초파리의 성장 속도와 수명에 영향을 미칠 수 있다는 결과가 록펠러연구소의 존 하워드 노스럽(John Howard Northrop) 박사 연구팀[2]에 의해 발표되었다. 이 발견은 노화 분야에 대한 상당한 연구 관심을 불러일으키고 대중의 호기심과 상상력을 사로잡았다. 또한 칼로리 제한(Calorie Restriction)도 마우스와 쥐의 노화, 노화 관련 병리 및 수명에 영향을 미치는 것으로 밝혀졌는데, 이러한 연구 결과는 노화 과정의 가소성[3]이 장수에 중요하다는 것을 보여 준다.

약 30년 전, 최초의 장수 균주가 꼬마선충(*C. elegans*)을 이용한 연구에서 확인되었는데 이 발견은 노화 연구의 새로운 시대를 열었고, 노화와 인간의 여러 만성질환들 사이에 중요한 연관성이 있음을 밝혔다. 노화는 당뇨, 알츠하이머병, 파킨슨병, 심혈관 질환, 만성 폐쇄성 폐질환, 골다공증, 골관절염을 포함한 많은 일반적인 노인 관련 질병의 위험을 증가시킨다고 알려져 왔다. 또한 많은 사람이 특히 60세 이후에는 여러 동반 질환을 앓기에 장기적으로 치료

2 John H. Northrop, "The Influence of the Intensity of Light on the Rate of Growth and Duration of Life of Drosophila," *The Journal of General Physiology*, vol. 9, no. 1, 1925, pp. 81-86.

3 어떤 표현형의 발현이 특정한 환경 요인을 따라 특정 방향으로 변화하는 성질을 말한다.

효과를 얻기 위해 다양한 치료법을 조합해야 한다. 많은 노화 관련 질환에 대한 기존 치료법은 서로 영향을 줄 가능성이 높기에 노화 과정을 이해하면 노화 관련 질환의 치료 표적을 식별하고 향후 임상 승인에 적합한 약제 개발을 촉진할 수 있으리라 기대한다.

2. 수명이 짧은 동물 모델의 문제점

수명이 짧은 모델 생명체를 이용해 수명을 연장하는 성공적인 방법을 밝힌 주요 신호 전달 체계 기작이 있다. 예를 들어 성장호르몬(GH)/인슐린 유사 성장 인자1(IGF1) 시스템이나 라파마이신(Rapamycine) 표적인 mTOR[4] 경로가 그것이다. 이러한 신호 전달 체계는 마우스나 쥐 실험과 같은 인공적으로 만든 제한된 실험 환경에서 도출된 결과들로, 실제 환경에서 생활하는 야생동물이나 인간에게는 적용되지 않을 수도 있다. 또한 수명이 짧은 종을 대상으로 한 연구에서는 그 결과에서 예상하지 못한 번식력 감소나 병원균 저항성 감소와 같은 부작용이 나타날 수도 있다고 알려져 있다. 마지막으로, 전통 모델종 자체는 그들만의 독특한 적응 능력을 갖추고 있기에 연구 결과에서 오류가 생길 수도 있다. 마우스와 쥐는 광범위한 생리적 결과와 관련된 높은 번식력 같은 특성이 있는데, 전통적인 모델

4 세린/트레오닌 키나아제(serine/threonine kinase)로서 세포 성장, 세포 노화 및 세포 대사를 조절한다고 알려져 있다.

종으로 진행한 연구는 종종 특정 근친교배 계통(예를 들어 C57BL/6과 같은 마우스 계통)을 통해 얻은 결과이기에 다른 마우스종이나 생명체에 적용하는 데 다소 무리가 있을 것이다. 마우스 계통만 해도 수많은 종류가 있고 각 종류들은 유전학적·생리학적 독창성을 가지고 있으므로 장수/노화 방지 연구 결과를 다른 마우스 계통에 적용시키는 것도 문제가 될 수 있다.

흥미로운 것은 야생에서 생활하는 동물들 대부분은 근친교배에 의해 노화를 방지하는 유전자를 증폭하거나 도입해 부여된 수명보다 훨씬 오래 살기도 한다는 점이다. 예를 들어 야생 쥐 개체군은 대부분 낮은 수치의 GH/IGF1 신호 체계를 가지고 있는데, 실험실에서 인위적인 근친교배를 진행해 높은 수치의 GH/IGF1을 발현시킬 수 있다.

이와 같이 마우스나 쥐를 통한 연구는 노화의 특정 측면을 이해하고 잠재적인 역할을 테스트하는 데 유용하지만, 연구 결과를 신중하게 해석할 때나 인간을 포함한 장수 동물에 적용할 때는 그 한계를 고려해야 한다. 그러므로 앞으로의 연구는 복잡한 노화 과정과 유전자의 잠재적 개입에 대한 보다 포괄적인 이해를 얻기 위해 수명이 짧은 종과 수명이 긴 종을 포함한 여러 모델 생명체를 사용해야 한다. 수명이 짧은 모델 생명체에서 발견한 결과를 일반화할 때는 체질량과의 상관관계에 대한 수명의 긍정적인 이상값을 수명이 긴 종과 비교해 검증할 수 있어야 할 뿐 아니라 검증해야만 한다.

3. 세포를 이용한 노화 연구

최근에는 동물 복지를 비롯해 '3R' 원칙(대체, 감소, 개선)의 윤리에 따라 의약품 테스트나 기초 연구 시 동물 사용을 줄이는 것에 관심이 높아지고 있다. 특히 전 세계적으로 물질 평가를 위한 동물실험이 엄격하게 제한되며, 유럽에서는 안전성(독성) 테스트에만 동물실험이 법적으로 허용될 뿐이다. 또한 동물실험에 재현성 문제가 있다고 보고되면서, 얻은 결과를 그대로 인간에게 적용할 수 있는가에 대해서도 의문이 제기되고 있다. 이에 비동물적 방법이 점점 더 많이 개발되고 사용되면서 전통적인 동물실험을 점차 대체하고 있다.

예를 들어 연구자들은 2D 및 3D 세포 배양 시스템을 활용해 면역학적·구조적 구성 요소를 포함하는 체외 모델을 제작해 사용한다. 가장 일반적으로 사용되는 모델인 2D 세포 배양 시스템은 가격이 저렴하고 유지 관리가 간단하다는 큰 장점이 있었는데, 다양한 세포 유형 간의 유익한 상호작용을 밝혀낸 3D 세포 배양 시스템이 등장하면서 세포 모델의 정확도가 훨씬 더 높아졌다. 3D 모델은 세포 간 접촉, 세포 이동, 장벽 기능 등 인간 조직의 다양한 특징을 3차원으로 표현할 수 있다. 그럼에도 불구하고 아직 노화 평가에 대한 이 모델의 기여도와 관련성에 대한 과학적 문헌은 부족하기에 많은 관심이 필요하다.

최근에는 오가노이드(Organoid)의 개발로 세포 배양이 갖는 문제점을 다소 해결하고 있다. 노화의 많은 기능적 징후는 세포가 아닌 조직 수준에서 발생하기에 기존 세포 배양 모델에서는 쉽게 드러나지 않지만, 오가노이드는 기존 노화 모델의 강점과 약점 사이에서 효과적으로 균형을 맞출 수 있는 잠재력을 지닌다. 오가노이드는 분자, 세포, 조직 수준에서 노화와 관련된 징후를 포착할 수 있는 충분한 복잡성을 갖추고 있으며, 동물 연구에 대한 실험적 접근이 가능한 대안을 제시하기도 한다. 그러므로 다양한 인체/동물 조직과 질병을 모형화하기 위해 개발된 오가노이드 시스템은 앞으로 노화 모델로 사용될 가능성이 크다.

4. 노화의 12가지 특징

프랑스 INSERM연구소의 크로머(Kroemer) 박사 그룹은 2013년과 2023년 2번에 걸쳐 『셀(Cell)』지에 노화 진행 과정의 세포 및 분자적 특징을 식별하고 분류해 발표했다. 여기서는 일반적으로 노화 과정에 기여하고 함께 노화 표현형을 결정하는 것으로 간주되는 12가지 특징을 제안한다(그림 1). 노화 연구의 복잡성을 고려해 포유류 노화에 대한 현재의 이해를 강조하는 동시에 더 단순한 모델 생명체에서 얻은 선구적인 연구 결과를 통합해 그 특징을 제시했고, 각 특징은 다음을 기준으로 선별했다고 밝혔다. (1) 정상적인 노화 과정에서 나타나야 하고, (2) 실험에서 해당 요소를 악화시킬 경우 노화가 가속화되어야 하며, (3) 실험에서 개선할 경우 정상적인 노화 과정을 지연시켜 건강한 수명을 늘릴 수 있어야 한다. 이러한 요건들

그림 1. 노화의 분자생물학적 특징 12가지

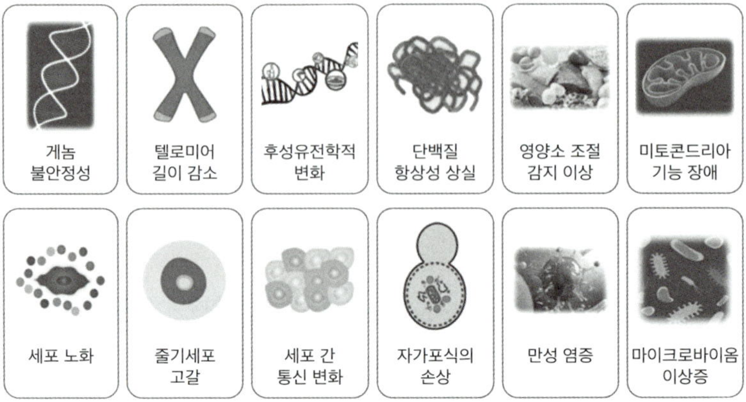

2023년에 크로머 박사 그룹이 발표한 노화의 12가지 특징이다: 게놈 불안정성, 텔로미어 감소, 후성유전학적 변화, 단백질 항상성 상실, 자가포식의 손상, 영양소 조절 감지 이상, 미토콘드리아 기능 장애, 세포 노화, 줄기세포 고갈, 세포 간 통신 변화, 만성 염증, 마이크로바이옴 이상증. 지난 10년간은 노화 방지 연구 대부분의 증거가 효모, 선충류, 초파리 등 비포유류 모델 유기체에 국한되어 있었지만, 최근에는 생쥐(그리고 경우에 따라 비인간 영장류)를 대상으로 한 실험을 통해 포유류에서 이러한 특징의 대부분이 유효하다는 것이 입증되었다. 이러한 특징들은 수만 명의 노화 연구자들의 면밀한 조사를 거쳐 왔다.

은 12가지 특징에 충족되지만, 마지막 기준은 노화의 한 측면에 특정하더라도 달성하기 가장 어려울 것이다. 현재 노화 연구는 이러한 12가지 특징을 바탕으로 진행 중이며, 동물들의 노화 현상, 장수기작 연구에 지금까지도 사용되고 있다. 각 특징에 대해 간단히 살펴보면 다음과 같다.

게놈 불안정성(Genomic instability)

노화의 특징 중 하나는 일생 동안에 생기는 유전적 손상이 축적된다는 것이다. 뇌의 신경세포와 같이 분열이 드물거나 전혀 일어나지 않는 세포로 구성된 조직은 물리적 손상이 생기더라도 수정할 시간이 있다. 하지만 자주 분열하는 세포는 DNA 복제 과정에서 유전적 돌연변이가 발생하는데, 이는 세포 성장에 영향을 줄 수 있다. 젊을 때는 돌연변이가 발생하더라도 복구되거나 신체에 해를 끼치지 않을 정도로 낮은 수준이지만, 세월이 흐르면 이러한 손상 중 일부는 세포가 스스로 교정할 수 있는 능력에서 벗어나 손상이 축적된다. 이 경우 세포의 복구 시스템 자체에 영향을 미쳐 문제를 악화시킬 수 있고, DNA 손상이 특정 수준을 초과하면 세포는 일반적으로 세포 사멸(Apoptosis)이라는 과정을 통해 '자살'하거나, 노화되어 면역 체계에 의해 제거된다. 또한 이러한 손상은 간혹 암세포로 바뀌어 암을 일으키기도 한다. DNA의 돌연변이 축적은 물리적·화학적·생물학적 요인뿐만 아니라 DNA 복제 오류, 자발적 가수분해 반응, 활성산소(ROS) 등 내인성 위협에도 지속적으로 노출되어 있기에, 손상을 최소화하기 위해 생물체는 DNA에 가해지는 대부분의 손상을 종합적으로 처리할 수 있는 복잡한 DNA 복구 메커니즘 네트워크를 진화시켜 왔다. 실제로 장수하는 많은 동물에게서 DNA 복구 능력이 잘 발달했음을 볼 수 있기에 발달된 DNA 복구 기작 연구를 통해 인간이 장수할 방법도 찾을 수 있을 것이다.

텔로미어 길이 감소(Telomere attrition)

노화가 진행되면서 DNA 손상이 축적될 때는 거의 무작위로 게놈에 영향을 주는 것으로 보이는데 텔로미어와 같은 염색체 끝부분은 특히 노화와 관련된 기능에 직접적으로 관련이 있다. DNA 중합 효소(DNA polymerase)는 5′→3′ 합성 기능에 의해 선형 DNA 분자의 말단을 완전히 복제할 수 있는 능력이 부족하기 때문에, 텔로미어는 텔로머레이즈(Telomerase)라고 알려진 특별한 DNA 중합 효소에 의해 유지된다. 그러나 대부분의 포유류 체세포는 텔로머레이즈를 생산하지 않으며, 이로 인해 염색체 말단에서 텔로미어 염기서열이 점점 손실되다가 결국 노화로 이어져 세포를 죽음에 이르게 한다.

한편 일부 유형의 체외 배양 세포의 제한된 증식 능력을 텔로미어 길이의 감소로 설명하기도 한다. 반대로 텔로머레이즈의 과발현은 정상세포에서 발암성 변형을 일으키지 않고도 죽지 않는(immortal) 세포를 만들기에 충분하다고 알려져 있다. 중요한 것은 텔로미어 길이의 감소가 인간을 포함한 모든 포유류의 정상적인 노화 과정에서 관찰된다는 것이다. 현재 노화 연구자들의 연구 테마 중 텔로미어 길이를 조절할 수 있는 천연 약물 개발이 박차를 가하는 중이다. 현재까지 알려진 텔로미어 길이를 조절하는 약물에는 NMN(Nicotinamide Mononucleotide),[5] 레스베라트롤 등이 있다. 중국 국립과학원의 신 우(Xin Wu) 박사 연구팀은 2021년에 짧은 기간 동안 NMN을 투여하면 생쥐의 텔로미어 길이가 20~25% 증가한다는 사실을 발견했다. 또한 단기간(90일) NMN을 복용하면 인간의 텔로미어 길이가 거의 2배로 증가해 잠재적으로 획기적인 건강상의 이점과 수명 연장 효과를 가져올 수 있음을 밝히기도 했다.[6]

5 NMN은 NAD^+ 생합성의 중간체이다.

텔로미어 길이와 관련된 또 다른 중요한 천연 화합물은 중요한 대사 및 생리 과정을 조절하는 세포 내 조절 단백질인 시르투인 1(SIRT1)을 활성화하는 레스베라트롤이다. 레스베라트롤은 적포도 껍질과 씨에서 흔히 발견되며 항산화 및 항염증 작용을 할 뿐만 아니라 포유류의 전반적인 건강에 긍정적인 영향을 준다. 더불어 레스베라트롤은 세포 수준에서 노화를 지연시키고 설치류의 텔로미어 길이 손실 방지와 텔로머레이즈 활성을 증가시킨다고 알려져 있다.

후성유전학적 변화(Epigenetic alterations)

다양한 후성유전학적 변화는 일생 동안 모든 세포와 조직에 영향을 미친다. 여기에는 DNA 메틸화 패턴의 변화, 히스톤[7]의 번역 후 변형, 염색체 리모델링이 포함된다. 예를 들어 염색체에 둘러싸인 단백질인 히스톤 중에서 H4K16 아세틸화, H4K20 트리메틸화 또는 H3K4 트리메틸화 증가와, H3K9 메틸화 또는 H3K27 트리메틸화 감소는 연령과 관련된 후성유전학적 표식을 구성한다고 알려져 있다. 후성유전학적 패턴의 생성 및 유지를 보장하는 여러 효소도 알려져 있는데, 이 시스템에는 DNA 메틸전달 효소(DNA Methyltransferase), 히스톤 아세틸화 효소(Histone Acetylase), 탈아세틸

6 Kai-Min Niu, Tongtong Bao, Lumin Gao, Meng Ru, Yumeng Li, Liang Jiang, Changmin Ye, Shujin Wang, and Xin Wu, "The Impacts of Short-Term NMN Supplementation on Serum Metabolism, Fecal Microbiota, and Telomere Length in Pre-Aging Phase," *Frontiers In Nutrition*, vol. 8, 2021, 756243.

7 염색질을 구성하는 기본 단위인 뉴클레오솜의 중심 단백질이다.

화 효소(Histone Deacetylase), 메틸화 효소(Histone Methyltransferase) 및 탈메틸화 효소(Histone Demethyltransferase)뿐만 아니라 염색체 리모델링에 관여하는 단백질 복합체도 포함된다(그림 2). 최근에는 하버드 대학교의 데이비드 싱클레어(David Sinclair) 박사팀이 마우스 모델을 이용해 후성유전학적 변화를 유도했을 때 노화가 촉진하는 것을 발견했다. 또한 세포를 젊은 상태로 되돌릴 수 있다고 알려진 야마나카 인자(Yamanaka factors: Oct3/4, Sox2, Klf4, c-Myc)를 노화가 진행된 마우스에 주입했을 때 장기의 기능이 회복되는 것을 보여 주었다. 이는 후성유전학적 변화가 노화 과정에 영향을 미치며 이와 관련된 인자들을 연구하면 노화 속도를 늦출 가능성이 있다는 근거를 제시하는 것이다.

그러나 최근의 모든 진전된 연구에도 불구하고 후성유전학적 변화가 유전적 배경 및 장내 미생물 군집을 포함한 다른 요인과 어떻게 상호작용해 노화 과정을 조절하는지는 여전히 불분명하다. 환경적 요인, 생활 습관, 생리적·심리적 상태가 노화 과정의 후성유전학적 변화에 어떻게 영향을 주는지도 불분명하다. 노화는 인간의 경우 수년에 걸쳐 지속적으로 진행되기에, 앞으로 노화의 각 단계에 어떤 후성유전학적 조절이 어떻게 작용하는지 더 잘 이해하기 위해서는 이 전 과정에서 후성유전학적 변화를 추적할 필요가 있다.

영양소와 그 대사산물은 후성유전학적 조절자의 중요한 요소이다. 식이요법이 후성유전학적 상태에 영향을 미치고, 나아가 변경된 후성유전학적 변화가 자손에게 유전된다는 증거가 점점 더 늘어나고 있다. 이러한 결과들은 영양소에 의해 유도된 생리적 변화

그림 2. 후성유전학 기작

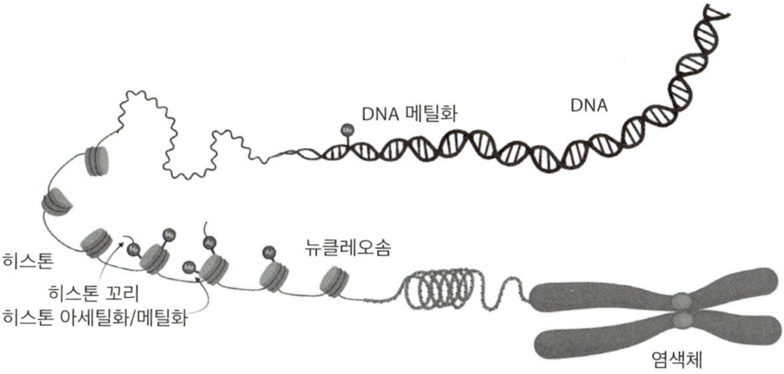

후성유전학은 17세기부터 영어에서 사용되어 온 'extra growth'의 의미를 지닌다. 과학 출판물에서 후성유전학은 1930년대에 등장하기 시작했으나 현대적 의미로는 1990년대에 이르러서야 사용되기 시작했다.

가 후성유전학적 변화의 원인이 될 수 있으며, 변형된 후성유전학적 패턴이 오래 지속된다는 것을 의미한다. 일부 보고에 따르면 에너지 제한이나 생리 활성 화합물의 직접 보충과 같은 영양소의 변화가 후성유전학적 변화에 의한 노화와 관련이 있다고 한다. 그러므로 많은 경우 후성유전학적 변화는 노화 관련 질병과 연관되어 있기에 앞으로는 영양이 장수에 미치는 직접적인 영향에 대한 증거를 찾고 개인의 반응을 예측할 수 있는 후성유전학적 마커를 연구하는 것이 중요하다.

단백질 항상성 상실(Proteostasis collapse)

노화 및 일부 노화 관련 질병은 단백질 항상성 또는 난백질 정제싱 손상과 관련이 있다. 모든 세포는 단백질체의 안정성과 기능을 보존하기 위해 다양한 관리 메커니즘을 사용한다. 단백질 항상성에는 올바르게 접힌 단백질의 안정화 메커니즘(대표적으로 HSP(Heat Shock Protein) 단백질 계열)과 프로테아좀 또는 리소좀에 의한 단백질 분해 메커니즘이 포함된다. 이러한 모든 시스템은 잘못 접힌 폴리펩타이드의 구조를 복원하거나 완전히 제거 및 분해해 손상된 구성요소의 축적을 방지하고, 세포 내 단백질의 지속적인 재생을 보장하기 위해 조정된 방식으로 기능을 유지한다.

젊은 세포는 단백질 합성 및 분해, 샤프론(Chaperone)[8]이라는 긍정적인 과정을 통해 건강을 유지하는데, 나이가 들면 이러한 과정에 문제가 생기기 시작한다. 세포의 단백질에 산화 손상이 무작위로 축적되고, 적절한 합성과 분해가 느려진다. 샤프론은 돌이킬 수 없을 정도로 손상된 단백질을 접는 데 한계에 도달해, 예컨대 쓰레기통이 가득 차는 것처럼 잘못 접히거나 응집된 단백질이 세포에 쌓인다.

많은 연구에서 노화에 따라 단백질 정체성이 변화한다는 사실을 입증했고, 펼쳐지거나 잘못 접히거나 응집된 단백질의 만성적 발현은 알츠하이머병, 파킨슨병, 백내장과 같은 일부 노화 관련 질환의 발병에 영향을 준다. 그러므로 단백질 항상성 상실 연구에는 더 나은 진단을 가능하게 하는 기술 발전이 필요하다. 현재 다양한 바이오마커를 사용해 개별적인 단백질 정체 현상을 연구할 수 있지

8 단백질이 적절하게 접히도록 하는 활동이다.

만, 생명체의 단백질 정체와 노화에 따른 변화를 통합적으로 이해하기 위해서는 전체 생명체의 단백질 정체 현상을 실시간으로 장기 전반에 걸쳐 모니터링할 수 있는 방법이 필요할 것이다.

영양소 조절 감지 이상(Deregulated nutrient-sensing)

GH와 그에 따른 IGF1의 분비는 시간이 지날수록 감소해 60세 이상에서는 낮은 수치만 검출될 수 있다. 이런 이유로 소마토포즈(Somatopause)로 알려진 재조합 인간 GH는 그 효능에 대한 증거가 부족함에도 노화 방지 약물로 널리 홍보되고 남용되고 있다. 포유류의 성장은 뇌하수체 전엽에서 생성되는 GH와 그 이차 매개체인 IGF1로 구성되며, 특히 미분화세포를 비롯한 많은 세포 유형에서 GH에 반응하며 진행된다. IGF1의 세포 내 신호 전달 경로는 포도당의 존재를 세포에 알리는 인슐린에 의해 유도되는 신호 전달 경로와 동일하다. 이러한 이유로 IGF1과 인슐린 신호 전달을 '인슐린/IGF1(Insulin/IGF1 Signaling, IIS) 경로'라고 한다. IIS 경로는 노화 과정에 영향을 미치는 것으로 밝혀진 최초의 영양소 감지 경로로 생물종마다 매우 잘 보존되어 있을 뿐 아니라 다양한 생명체 가운데 가장 많이 연구되고 있다.

노화를 늦추는 방법으로 식이 제한/칼로리 제한이 효과가 있다는 사실은 의학계에 관심과 연구를 불러일으키고 있다. 하지만 위에서 언급했듯이 나이가 들면 영양소 감지 기능이 저하되어 세포가 노화된다고 알려져 있으니 이것은 다소 역설적이다. 흥미롭게도 IIS의 약화는 여러 모델 유기체에서 수명을 개선하는 것으로 보인다. 예를 들어 IIS 경로가 약화된 마우스는 더 오래 살고, 전사인자(RNA 생성에 영향을 미치는 단백질)인 FOXO는 IIS 신호를 약화시켜 벌레와 초파리의 수명을 연장시킨다고 알려져 있다. 이에 따르면, IIS 경로가 구조적으로 느려진 종은 수명이 더 길다고 한다. 또한 지금까지 수집된 증거에 따르면 영양소 신호 전달이 감소하면 세포의 수명 주기가 연장된다는 사실이 보고된다.

하지만 반대되는 연구 결과도 있다. 가속 노화 모델과 정상 노화 모델 모두에서 IIS 경로가 감소하는 것이 발견됐기 때문이다. 사실, IGF1 보충제는 유익한 만큼 해로울 수도 있기에 이는 IIS의 발현에 이중적인 시각이 존재한다는 것을 시사하기도 한다. 일반적으로 IIS 경로를 차단하는 것이 장기적으로 장수에 도움이 된다고 보며, 이는 신진대사와 세포 성장을 감소시켜 마모를 줄여 주기 때문이라고 생각한다. 그러나 노년기에는 같은 일이라도 시도하기까지 시간이 오래 걸려 신체에 진정으로 유익하지 않을 수도 있다. IGF1이 인간의 수명에 어떤 영향을 미치는지도 여전히 모호하다.

한편으로는 GH 수용체가 기능하지 않는 라론 증후군(Laron Syndrome)[9] 환자, 비노년기 여성, 장수하는 사람들의 경우 IGF1 활동이 감소하면서 수명이 길어진다는 증거가 있다. 그러나 많은 역학 데이터는 IGF1이 인간 수명에 미치는 영향에 대해 결론을 내릴 만큼 명확하지 않고, 부분적으로는 영양과 같은 많은 외부 요인

9 '라론 증후군'이란 GH의 생산과 분비가 정상 범위이거나 높음에도 불구하고 GH의 생물학적인 효과가 감소하거나 소실되는 유전질환이다.

그림 3. 영양 섭취와 노화

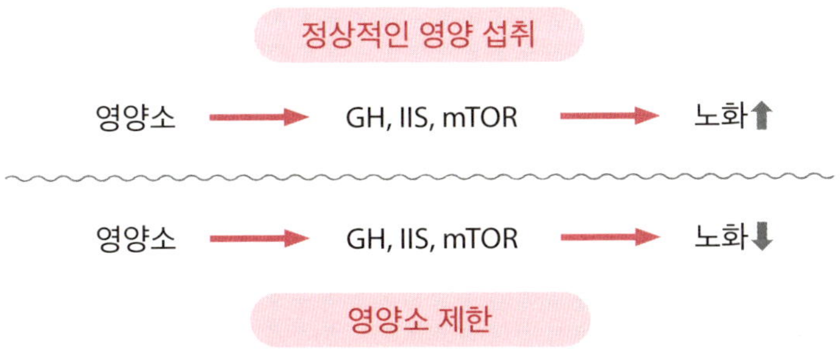

정상적인 영양 섭취는 IIS, GH 등에 영향을 미쳐서 노화를 진행시킨다. 하지만 영양소 제한은 성장 경로 신호를 감소시켜 노화를 억제한다.

이 작용하기에 IGF1에 대한 역학 연구를 구조화하기 어렵다고 본다. 그럼에도 불구하고 IIS와 mTOR 등 일부 보존된 영양 신호 경로의 활성화에서 부분적으로 겹치는 메커니즘을 통해 식이 제한과 노화가 상호 반작용한다는 증거가 점점 더 많이 나오고 있다. 수명과 노화 조절에 대한 mTOR 경로와 IIS 신호 전달의 관련성은 광범위하게 연구되어 왔지만, 근본적인 메커니즘은 여전히 밝혀지지 않았다. 인간과 모델 생명체 모두에서 GH, IGF 수용체, 인슐린 수용체의 기능을 감소시키는 유전적 다형성, 돌연변이, AKT, mTOR, FOXO와 같은 세포 내 다운스트림 효과 인자가 장수와 연관이 있으며, 이는 영양 및 생체 에너지 경로가 장수에 미치는 주요 요인임을 더욱 잘 보여 준다(그림 3).

미토콘드리아 기능 장애(Mitochondrial dysfunction)

세포와 생명체는 노화되면서 호흡 사슬의 효율성이 감소하고 전자 누출이 증가하며 ATP 생성이 감소한다. 그렇기에 미토콘드리아 기능 장애와 노화 사이의 관계는 오랫동안 관심을 받으며 연구되어 왔지만, 그 세부 사항을 정확히 이해하는 것이 노화 연구의 주요 과제로 남아 있다. 세포에 손상이 축적되면 미토콘드리아를 포함한 세포 소기관 기능 장애가 발생할 수 있으며, 이는 여러 노화 관련 병리와 관련된다고 알려져 있다. 노화에 따른 미토콘드리아 기능 장애는 미토콘드리아 DNA 돌연변이 축적, 미토콘드리아 단백질의 기능 장애, 미토콘드리아 막의 구조적 변화, 미토콘드리아 분열과 융합 사이의 불균형, 미토파지(Mitophage)에 의한 손상된 미토콘드리아 제거 결함 등 여러 원인에서 비롯된다.

흥미로운 사실은 미토콘드리아에서 생성된 슈퍼옥사이드, 과산화수소 등으로 구성된 활성산소(ROS)가 산화 스트레스를 유발할 뿐만 아니라, 역설적으로 여러 만성질환을 예방하거나 지연시켜 건강을 증진하고 궁극적으로 수명을 연장하는 신호 분자로 작용할 수 있다는 증거가 점점 더 많이 제시된다는 것이다. 일반적으로 높은 수준의 ROS는 세포 손상을 일으키고 노화를 촉진한다고 알려져 있지만, 낮은 수준의 ROS는 오히려 적응 반응을 유도해 전신 방어 메커니즘을 개선할 수도 있다고 한다. 이 개념은 미토콘드리아 호메시스 또는 미토호메시스(Mitohomesis)로 불린다. 미토콘드리아의 가장 잘 알려진 역할은 전체 세포 에너지의 90% 이상을 ATP 형태로 생성하는 것이다. 이 외에도 항산화 균형 유지, 세포 내 칼슘 농도 조절, 세포 사멸 진행, 푸린(Purine), 헴(Heme), 지질, 아미노산 및 스테로이드 호르몬의 생합성 등의 역할을 한다.

미토콘드리아는 또한 중요한 호르몬 표적이기도 하다. 에스트로겐, 프로게스타겐, 프로락틴은 미토콘드리아 기능에 영향을 미치고 변화하는 생체 에너지 및 신진대사 요구에 근본적인 적응을 조절할 수 있는 호르몬 중 하나이다. 미토콘드리아의 호르몬 반응에 의해 유도되는 상호작용은 다양한 신호에 의존하며, 그중 가장 관련성이 높은 신호는 ROS, 미토콘드리아 대사산물, 단백질 독성 신호, 미토콘드리아-세포질 스트레스 반응, 미토카인 방출이다. 미토호르몬 반응의 활성화는 곤충부터 포유류에 이르기까지 다양한 동물 모델에서 수명을 증가시키며, 특히 신진대사와 면역 체계를 개선하는 등 건강 수명을 향상시킨다. 이 보호 메커니즘을 활성화하는 여러 매개체와 스트레스 신호가 제안되었지만, 미토호메시스 작용의 유익한 결과는 미토콘드리아 ROS의 증가에서 비롯됐을 가능성이 높다. 미토콘드리아 전개 단백질 반응이나 미토카인의 발현 증가와 같은 다른 보호 스트레스 메커니즘의 활성화도 미토호메시스 작용에 의한 긍정적인 점과 관련이 있다고 알려져 있다. 미토호메시스 등을 통해 미토콘드리아 기능을 개선하면 포유류의 수명이 연장될 수 있다는 암시적인 증거가 이미 많이 존재한다.

세포 노화(Cellular scenescence)

세포 노화는 정형화된 표현형 변화와 결합된 세포 주기의 안정적 정지로 정의할 수 있다. 이 현상은 1962년 노화 연구의 창시자 중 한

명인 레오나드 헤이플릭(Leonard Hayflick) 박사의 실험에서 제안되었다. 헤이플릭은 노화 과정이 각 세포 내에 있는 생물학적 시계에 의해 지배받는다고 생각했다. 그는 인간의 섬유아세포(fibroblast)의 수명이 제한되어 있음을 밝히는 실험을 통해 세포들은 수년에 걸쳐 약 50회 분열하다가 갑자기 분열을 멈춘다는 점, 여러 조건 중 특히 영양 상태에 따라 분열 횟수가 달라진다는 점 등을 통해, 영양 상태가 노화되는 세포의 교체와 생성에 영향을 준다는 점을 증명했다.

여기서 가장 주목할 만한 점은 텔로미어 DNA 손상과 INK4/ARF 유전자좌(INK4-ARF locus)[10]의 감소로, 이 2가지 모두 시간적 노화와 함께 점진적으로 발생하며 노화를 유발할 수 있다는 것이다. 노화된 조직에서 노화 세포의 축적은 종종 DNA 손상을 측정할 수 있는 마커를 사용해 추론해 왔는데, 일부 연구에서는 노화 관련 베타갈락토시다아제(SABG)를 직접 사용해 조직의 노화를 확인하기도 한다. 특히 간에서 SABG와 DNA 손상을 상세히 병행해 정량화한 결과, 어린 쥐에서는 최대 8%의 노화 세포가, 매우 늙은 쥐에서는 최대 17%의 노화 세포가 생성되었다. 피부, 폐, 비장에서도 비슷한 결과를 얻었지만, 심장, 골격근, 신장에서는 변화가 관찰되지 않았다. 이는 세포 노화가 노화된 생명체의 모든 조직에서 나타나는 일반적인 특성이 아님을 분명히 보여 주기에 심장, 골격근, 신장 세포를 이용한 노화 연구에 많은 이점을 가져다줄 것이다.

10 INK4-ARF 유전자좌에는 긴밀하게 연결된 3개의 tumor suppressor gene(INK4A, INK4B, ARF)이 포함되어 있다. INK4-ARF의 결실 또는 억제는 세포 증식을 억제한다.

줄기세포 고갈(Stem cell exhaustion)

만능 줄기세포는 놀라운 자기재생 능력을 지닐 뿐 아니라 다양한 세포로 분화할 수 있다. 최근에는 노화 과정이 줄기세포에 악영향을 미칠 수 있다는 증거가 점점 늘어나고 있다. 조직의 재생 잠재력이 감소하는 것은 노화의 가장 명백한 특징 중 하나이다. 나이가 들면서 조혈 기능이 감소해 노화를 억제해 주는 적응 면역세포의 생산이 감소하고, 빈혈과 골수성 악성종양의 발생률이 증가한다. 따라서 노화로 인한 줄기세포 기능 저하는 다양한 노화 관련 질환의 병태생리학에서 핵심 역할을 한다고 추정된다.

줄기세포의 기능 저하는 전뇌, 뼈, 근육 섬유를 포함한 거의 모든 성체 줄기세포에서 발견된다. 늙은 쥐를 대상으로 한 연구에 따르면 조혈 줄기세포(Hematopoietic Stem Cells, HSC)의 세포 주기 활동이 전반적으로 감소하고, 늙은 HSC는 젊은 HSC보다 세포분열 횟수가 적다는 것을 알 수 있었다. 이는 DNA 손상의 축적 및 $p16^{INK4a}$과 같은 세포 주기 억제 단백질의 과발현과 상관관계가 있다고 알려져 있다. 노화 세포는 줄기세포 활동을 감소시켜 면역 노화와 조직 재생 손실에 기여하는 노화 관련 분비 표현형(SASP)으로 통칭되는 전 염증성 면역 억제 화학물질의 혼합물을 지속적으로 분비한다.

줄기세포 기능 저하에서 노화 과정을 이해하는 것은 노화 관련 질환의 병태생리를 이해하는 데뿐만 아니라 향후 노화 관련 질환을 치료할 수 있는 효과적인 줄기세포 기반 치료법을 개발하는 데에도 매우 중요하다. 이들 중 일부는 현재의 줄기세포를 대체하려고 시도하고 다른 일부는 이미 존재하는 세포를 복구하려고 시도한다.

더 나아가 NMN 같은 화합물 복용을 통한 NAD^+ 요법은 줄기세포 노화도 막으리라 생각한다.

세포 간 통신 변화(Altered intercellular communication)

노화는 세포의 자율적 변화 외에도 내분비, 신경내분비, 신경세포 등 세포 간 통신 수준에서도 변화를 수반한다. 따라서 염증 반응이 증가하고 병원체 및 암세포에 대한 면역 감시가 감소하며, 세포 주변 및 세포 외 환경의 구성이 변화하면서 신경호르몬 신호(예: 레닌-안지오텐신, 아드레날린, IIS)는 노화 과정에서 조절이 약화되는 경향이 있다. 세포 간 통신을 조절하는 가장 잘 알려진 수단은 혈액 또는 세포 외 기질에 있는 수용성 인자로, 세포막을 쉽게 통과해 자가신호 또는 파라크린 신호를 통해 작용할 수 있다. 수용성 인자는 단백질, 대사산물, 핵산 등 다양한 형태로 존재하는데, 이 중 단백질 인자에 대한 연구가 가장 많이 축적되어 있으며 여기에는 SASP 인자로 알려진 노화 세포의 활성 분비물이 대부분을 차지한다. 노화 세포는 나이가 들면서 축적되고 세포 외 기질에 점점 더 많은 SASP 인자를 분비한다. 이는 만성적인 저급 면역 반응 활성화 또는 '염증'을 유발해 생리 기능을 체계적으로 손상시키고, 신경 퇴화와 같은 다양한 장기 또는 조직에서 노화와 관련된 기능 장애에 영향을 준다.

SASP 인자 외에도 최근 몇 년 동안 노화 발생 원인과 관련해 Non-SASP 순환 단백질 인자 및 대사산물, 특히 NAD^+가 광범위하게 연구되고 있다. 노화로 인한 인자 또는 대사산물의 변화에 대응하기 위해 고안된 연구에 따르면, 이들은 노화 방지 개입의 유망한 표적임이 밝혀졌다. 또한 최근 연구에서는 비코딩 RNA 분자가 노화 또는 자가포식과 같은 노화의 여러 생물학적 측면과 관련이 있다는 증거가 축적되어 더 많은 연구가 필요함을 시사한다.

자가포식의 손상(Insufficient autophage)

자가포식은 리소좀 매개 분해를 통해 핵산, 단백질, 지질, 세포 소기관 등을 제거함으로써 항상성, 분화, 발달 및 생존을 촉진하는 기본적인 세포 과정이다. 자가포식은 건강과 밀접한 관련이 있지만, 자가포식과 노화, 질병 사이의 복잡한 관계는 아직 명확하게 밝혀지지 않았다. 그럼에도 노화와 관련된 분자적 변화 중 자가포식은 여러 종에서 노화의 중요한 특징으로 인식되고 있다. 자가포식은 기능에 결함이 있는 소기관과 잘못 접힌 단백질 응집체를 포함한 세포 성분을 분해하는 고도로 보존된 과정으로, 주로 mTOR 억제 또는 AMP 활성화 단백질 키나아제(AMPK)의 활성화에 의해 시작된다. 여러 종의 여러 조직에서 나이가 들수록 자가포식 활동이 감소한다는 증거가 계속 축적 중인데, 노화 중 리소좀 단백질 가수분해가 감소해 자가포식이 손상되고 세포 손상이 악화되며 노화 관련 질병의 발병이 촉진된다. 예를 들어 인간 신경세포에서 자가포식 관련 유전자(예: ATG[11]-5, ATG-7 및 BECN1[12])의 발현은 나이가 들면서 감소하고, 반대로 자가포식의 증가는 노화 지연과 관련된다.

11 Autophage related gene.

초파리의 수명 증가는 자가포식 유전자 ATG-1, ATG-7 및 ATG-18의 발현 증가와 관련이 있다고 알려져 있는데, 이러한 발견은 자가포식 관련 단백질의 발현이 나이가 들면서 점차 감소하고 리소좀으로의 전위가 감소한다는 것을 시사하기에 자가포식 장애가 생명체 노화의 주요 특징임을 암시한다.

최근 연구에 의하면 비노화 세포나 불멸 세포보다 노화 세포에서 훨씬 더 높은 수준의 전이 금속(예: 철 및 구리)이 발견됐다. 자가포식 및 유비퀴틴-프로테아좀계(Ubiquitination-Proteasome System, UPS) 경로와 같은 단백질 분해 경로는 페롭토시스(Ferroptosis)[13] 조절에 관여한다. 페롭토시스에서 철 축적은 리소좀에서 페리틴(Ferritin)의 자가포식 분해 결함으로 발생하고, 미토콘드리아 페리틴(FTMT)은 결함이 있는 미토콘드리아의 외막에 축적되어 LC3-II 이중막 식세포에 결합된 자가포식 화물 수용체인 핵 수용체 활성제 4(NCOA4)와 특정 상호작용을 통해 손상되며, 기능 장애가 있는 미토콘드리아의 회전율을 조절하는 특정 형태의 자가포식인 미토파지를 촉진한다고 알려져 있다. 또한 노화 마우스 배아 섬유아세포(MEF)에서 구리 수치가 증가하면 고친화성 구리 수송 단백질1 수치가 상승하고 구리 수송 ATPase1(Atp7a)의 수치가 감소한다고 보고

12 효모 자가포식 관련 유전자6(ATG-6)과 꼬마선충의 BEC-1의 포유류 상동체이다. 세포 사멸과 자가포식에 중요한 역할을 한다.

13 세포 사멸 과정 중 하나로 세포 내 세포막을 이루는 인지질 분자는 쉽게 과산화가 되는데, 여기에 ROS가 발생하면서 결국 세포가 사멸하는 메커니즘을 말한다. 이 과정에서 2가 철 이온(ferrous iron, Fe^{2+})이 필수적으로 작용하기 때문에 '페롭토시스'라 불린다.

되었다. Atp7a 부족은 노화 MEF에서 구리의 자가포식-리소좀 분해를 차단해 노화 관련 퇴행성 질환을 촉진한다고 알려져 있다.

오토파지와 노화의 관계는 종종 '오토파지 감소는 해롭다'와 '오토파지 증가는 유익하다'로 설명되지만, 이는 너무 단순한 그림일 수 있다. 오히려 장기적인 건강상의 이점은 조직과 생명체의 나이에 따라 달라지는 오토파지의 적절한 균형을 달성할 때 발생할 가능성이 높다. 예를 들어 초파리의 경우, 생애 초기에 자가포식 기능이 손상되면 수명에 부정적인 영향을 미치는 반면, 성인이 되어 특정 자가포식 유전자 하위 집합을 녹다운하면 수명에 유익한 영향을 미칠 수 있다고 알려져 있다. 이러한 결과를 종합하면, 각 조직에서 다양한 형태의 자가포식 수준과 균형은 생애 단계별로 매우 다르며, 이를 이해하는 것이 건강한 노화를 위해 매우 중요하다는 점을 알 수 있다. 따라서 다양한 유형의 자가포식이 노화에 영향을 미치는 정도는 다르지만, 건강 증진을 위한 핵심 목표는 적절한 시기에 적절한 조직에서 적절한 수준으로 자가포식을 미세 조정해 건강을 증진할 수 있는 접근법을 찾는 것이다. 이를 위해서는 특정 조직이나 세포 유형에 자가포식 조절제를 정확한 단계에서 제어해 전달할 수 있는 새로운 개입 방법을 개발하는 것이 중요하다.

만성 염증(Chronic inflammation)

나이가 많은 생명체는 세포와 조직에서 높은 수준의 전 염증성 마커를 특징으로 하는 전 염증성 노화가 발생하는 경향이 있다고 알려져 있다. 이 상태를 인플라메이징(Inflammaging)[14]이라고 부른다. 만성 염증의 잠재적 기전으로는 유전적 감수성, 비만(Obesity), 장 투과성 증가, 장내 미생물 구성 변화, 세포 노화, NLRP3(NLR [Nucleotide-binding domain, Leucine-rich Repeat] family pyrin domain containing 3) 인플라마좀(Inflammasome) 활성화, 미토콘드리아 기능 장애로 인한 산화 스트레스, 면역세포 조절 장애, 만성 감염 등이 있다. 염증은 심혈관 질환(CVD)의 위험 인자일 수 있다는 점이 임상시험에 의해 밝혀졌다. 만성 염증은 동맥 경화, 신경질환, 골관절염, 추간판 변성을 포함한 병리학적인 국소 표현형뿐만 아니라 전신 증상과 함께 노화가 진행되는 동안 늘어난다. 따라서 염증성 분비단백질인 사이토카인과 바이오마커(예: 체내 염증 지표(C-Reactive Protein, CRP))의 혈액 농도는 노화와 함께 증가한다. 또한 혈장 내 인터루킨(IL-6) 수치는 고령으로 인한 모든 원인에 의한 사망률을 예측하는 바이오마커인데, 이는 환자 및 마우스 조직의 혈액 내 골수 및 림프 세포를 고차원적으로 모니터링해 발견한 것이다.

조절할 수 있는 염증 반응의 상실이 노화 과정에 중요한 역할을 한다는 사실은 이제 널리 알려져 있다. 그렇다면 만성 염증을 줄이는 아스피린 복용이 장수에 도움이 될까? 여러 결과에서 만성 염증의 감소가 관상동맥 심장 질환이나 뇌졸중 병력이 있는 사람의 심혈관 질환을 예방하는 데 도움이 된다고 나타났다. 2010년부터 2014년까지 진행된 연구에는 치매와 심혈관 질환 위험이 높은

14 2000년에 클라우디오 프란체스키(Claudio Franceschi)가 처음 만든 용어이다. 염증(inflammation)과 노화(aging)의 합성어이다.

70세 이상의 성인(아프리카계 미국인 또는 히스패닉계인 경우 65세 이상)이 참여했고, 총 9,525명에게 저용량 아스피린 100mg을, 9,589명에게 위약을 투여했다. 임상시험은 4.7년간 추적 관찰 끝에 아스피린을 계속 복용해도 수명 연장에 이점이 없다는 사실이 밝혀진 후 종료되었다.[15] 사망, 치매 또는 지속적인 신체 장애의 복합 발생률은 아스피린 그룹에서 1,000인년당 21.5건, 위약 그룹에서 1,000인년당 21.2건 발생했다. 만성 염증이 노화의 특징인 것은 맞지만 아스피린과 같은 항염증제의 복용이 수명에 영향을 미친다는 것에 대해서는 더 많은 연구가 필요해 보인다.

마이크로바이옴 이상증(Dysbiosis)

장내 마이크로바이옴은 숙주의 유전적 변이(인종), 식이 요인, 생활습관(문화), 환경 조건(지역)의 결과로 개인마다 매우 다양하기 때문에 마이크로바이옴과 노화 관련 질병 발현 사이의 관계를 밝히기는 어렵다. 그럼에도 불구하고 일부 메타 분석[16]에서는 다양한 병리 및 국가에 걸쳐 검증된 마이크로바이옴-질병 연관성을 밝혔다. 인간과 동물 모델을 대상으로 한 연구는 노화된 마이크로바이옴이 인간의 건강과 질병에 미치는 복잡한 영향의 기초가 되는 임상적·역학적·사회학적·분자적 측면에 대한 귀중한 정보를 제공했다. 예

15 John J. McNeil, Robyn L. Woods, Mark R. Nelson, et al., "Effect of Aspirin on Disability-free Survival in the Healthy Elderly," *The New England Journal of Medicine*, vol. 379, no. 16, 2018, pp. 1499-1508.

16 서로 다른 연구들에서 나온 양적인 효과의 결과를 통계적으로 통합하기 위한 분석 방법이다.

를 들어 아동기에 박테리아 다양성이 확립되면 성인기에도 비교적 안정된 상태를 유지하는데, 박테리아 군집의 구조와 활동은 노화 과정에서 점진적인 변화를 겪으며 결국 생태학적 다양성이 전반적으로 감소한다. 100세 인구를 대상으로 수행된 연구에서 박테로이데스(*Bacteroides*)와 로즈부리아(*Roseburia*) 등 핵심적으로 풍부한 분류군은 감소한 반면, 비피도박테리움(*Bifidobacterium*), 아커만시아(*Akkermansia*) 등 장수 효과가 있다고 보이는 몇몇 속은 증가한 것으로 나타났다. 100세 노인의 장내 마이크로바이옴에 대한 추가적인 대사체학 및 기능 분석에 따르면 알리스티페스 퍼트레디니스(*Alistipes putredinis*)와 오도리박터 스플란치니쿠스(*Odoribacter splanchnicus*)와 같은 일부 특정 박테리아가 풍부하게 발견되었는데, 이 중 일부는 클로스트리디오이데스 디피실(*Clostridioides difficile*) 및 엔테로코커스 파에시움(*Enterococcus faecium*)과 같은 다제내성 그람 양성 병원균에 강력한 항균 효과를 발휘하는 이소알로리토콜산(isoallolithocholic acid)을 포함한 독특한 이차 담즙산(secondary bile acids)을 생성할 수 있다. 따라서 특정 담즙산 대사는 병원균 감염 위험을 줄이는 데 관여하고 장 항상성에 기여해 연령 관련 만성질환의 감수성을 낮추는 데 도움이 될 수 있다.

나이에 따라 박테리아 분류학적 구성과 다양성이 어떻게 변화하는지에 대해서는 그 이해가 가능해졌지만, 박테리아의 진화와 숙주 적합성에 대한 관련 기능적 결과에 대한 지식은 여전히 수수께끼로 남아 있다. 여기에는 2가지 시나리오가 가능하다. 첫째, 장내 마이크로바이옴 구조에서 관찰되는 연령 관련 변화는 숙주 노화 과정에서 발생하는 생리적 조직이 적응하는 단순한 결과이다. 둘째, 특정 세균 분류군이 면역 감시를 피할 수 있게 함으로써 숙주 노화를 직접 유발하는 세균 진화의 산물이다. 그렇다면 노화 숙주 미생물 슈퍼바이옴에 대한 더 정확한 지식은 노화 및 노화 관련 질병을 퇴치하기 위한 마이크로바이옴 기반 치료법을 발전시키는 데 가장 중요할 것이다.

★ 동물들에게서 배우는 장수 방법과 초기 임상시험의 눈부신 진전을 고려해, 인간 노화에 개입하기 위한 합리적인 전략을 개발하는 것이 중요하다. 건강을 증진하는 생활 습관 요인(예: 식단, 운동, 규칙적인 수면 패턴, 사회 활동)의 채택, 상대적으로 비특이적인 양성화 약물(예: NAD^+ 전구체, 메트포르민, 스퍼미딘 또는 mTORC1 억제제)의 투여 또는 보다 구체적인 의학적 지식을 바탕으로 한 특정 치료법 등이 있다. 이러한 특정 치료법에는 광범위한 시행 가능성이 있는 약제, 다소 복잡한 물류와 높은 비용이 수반되는 유전자 또는 세포 기반 치료법, 주로 실험에 머물 가능성이 높은 외과적 조직 대체를 위한 생명공학 방법이 포함될 수 있다. 다만, 이러한 인간의 건강 수명 연장을 위한 전략이 노화를 가속화하는 환경 요인(빈곤, 불안정, 전시 상황, 공해, 스트레스, 부적절한 신체 활동, 건강에 해로운 식단 등)을 어느 정도까지 피해야 하는지에 대한 의문이 제기될 수 있다.

노화를 늦추거나 멈추거나 되돌리기 위한 치료 전략을 제공하는 다양한 특징을 고려할 때, 혜택을 극대화하고 부작용을 최소화하는 범위에서 병용 요법을 평가하는 것은 흥미롭다. 건강 수명과 수명 연장을 위한 예방적 치료가 기대하는 결과를 가져올 수 있을지는 아직 미지수이다. 노화는 아직 약물 개발이나 치료의 표적으로 인정받지 못하고 있다. 이러한 이유로 노화 방지를 평가하는 첫 번째 임상시험은 노화 자체보다 노화와 관련된 병리 예방이나 완화를 다루어야 한다고 생각한다.

제2장

장수/노화 방지에 미치는 작용 기작

1. 세포생물학 관점에서의 노화

노화와 같은 생명현상을 이해할 때 여러 관점에서 바라볼 수 있지만 단일세포 수준에서 논하는 방법이 가장 이해하기 쉽다. 노화 세포는 특정한 단일 바이오마커가 아닌 많은 일반적인 바이오마커에 의해 특징지어진다. 우리가 흔히 알고 있는 세포 주기 정지(Cell cycle arrest)는 모든 유형의 노화를 식별하는 데 중요한 특징이지만, 다른 세포 기작들이 세포 복제 정지를 유도할 수 있기 때문에 아주 좋은 마커로 간주할 수는 없다. 세포는 DNA 손상과 후성유전학적 변화에 의해 개별적으로 영향을 받고, 후성유전체 및 전사체 수준에서 세포 간 변동성은 나이가 들수록 증가한다. 이러한 유전자 발현에 영향을 미치는 변화는 점차 진행되며 나이에 따라 달라지는 나이 의존적 세포 이질성과 장기 기능 저하의 원인이 될 수 있다.

나이에 따른 체세포 유전자 돌연변이의 축적은 특히 혈액세포와 피부 및 식도 상피와 같은 조직에서 다수 발견되었다. 예를 들어 피부암에서는 많은 돌연변이가 관찰되는데, 고령 기증자의 피부에서 돌연변이 패턴은 인위적으로 자외선에 노출시킨 정상 피부세포에서 볼 수 있는 패턴과 매우 유사하다. 식도암의 경우 돌연변이 발생률은 피부암보다 낮지만 암과 관련된 유전자의 돌연변이를 지닌 세포의 성장은 음주 및 흡연에 의해 가속화된다고 알려져 있다. 나이나 시간에 의존적인 체세포 돌연변이의 축적은 노화 세포의 증가 및 줄기세포의 손실과 같은 세포 운명 변화와 직접적으로 연관될 수 있다.

노화 세포는 pH6 조건에서 노화 관련 베타갈락토시다아제(Senescence-associated beta-galactosidase, SA-β-gal)가 높은 활성을 보이는 점이 특징이기에, 갈락토시다아제에 의해 분해될 수 있는 기질인 플루오레세인 유도체(5-dodecanoylaminofluorescein di-beta-D-galactopyranoside, C12FDG)를 사용해 세포 노화를 측정할 수 있다. 또한 노화 세포는 세포 주기를 조절하는 p16 단백질을 포함한 세포 주기 억제제(예를 들어 p21, p27 단백질)의 증가와 상관관계가 있다. 더불어 ARF,[1] p53 및 PAI-1(Plasminogen Activator Inhibitor 1) 단백질은 노화 세포에서 관찰되며 다양한 노화 바이오마커로 사용된다. 노화 세포의 또 다른 특징은 일반적으로 성장하는 세포에 비

1 Alternate Reading Frame. INK4A-ARF locus에서 발현되는 2개의 tumor suppressor 중 하나이다.

해 더 매끄러운 형태로 변한 세포 크기이다. 또한 노화와 관련된 염색체의 헤테로크로마틴(Heterochromatin)[2] 축적 형성, 리포푸신(Lipofuscin)[3] 축적, DNA 손상 축적, 라민 B1(Lamin B1)[4]의 손실, 일부 마이크로RNA(miRNA)의 상향 조절, 성장 인자, 사이토카인, 케모카인 및 단백질 분해 효소를 포함한 많은 인자들이 분비된다고 알려져 있다. 노화의 조절 기능은 중요한 생리학적 현상으로 노화 조절 기작에 이상이 생기면 암과 같은 조정 불능의 세포 성장으로 연결될 수 있다. 때문에 노화와 암에 대한 예후 잠재력을 가질 수 있는 새로운 노화 지표를 찾는 데 관심이 높아지고 있다.

2. 생리학적·병리학적 관점에서의 노화

세포 노화는 여러 원인에 의해 생리학적·병리학적 맥락에서 유도되는데, 그중 텔로미어 단축은 가장 중요한 요인 중 하나이다. 텔로미어는 염색체의 끝을 인접한 염색체와의 융합으로부터 보호하는 반복적인 염기서열을 가진 염색체 부위이다. 염색체 복제 과정 중 각 세포분열은 DNA 3′ 말단에서 복제되지 않은 50~200bp의 손실을 초래하는데, 손실을 방지하기 위해 말단 전달 효소라고도 불리

2 농축된 DNA 형태이다.

3 '리포푸신'은 나이가 들면서 축적되는 노화 색소로 혈관에 쌓이면 피부 칙칙함의 원인이 된다고 알려져 있다.

4 세포에서 핵의 형태를 유지하는 단백질 중 하나이다.

는 텔로머레이즈가 텔로미어 결핍을 보충하기 위해 텔로미어 끝에 염기를 추가하는 역할을 한다. 일반적인 세포에서는 텔로머레이즈 활성이 없어서 텔로미어는 점점 짧아져 길이를 유지하지 못하는 상황이 발생한다. 이는 DNA 손상 반응을 유발하기도 하고, 결국 노화 과정을 거친 후 수명을 다한다. 그러나 텔로머레이즈 활성은 텔로미어 단축 및 세포 노화를 초래하는 세포 증식의 속도에 균형을 맞춘다. 실제로 세포가 텔로미어 손상을 복구할 수 없는 경우 노화로 진화할 수 있는데, 텔로머레이즈 활성은 이를 일시적으로 억제할 수 있다고 알려져 있다. 노화는 산화 스트레스 발생에 의해서도 매개되는데, 이 또한 DNA 손상과 텔로미어 침식에 관여한다.

텔로미어 단축 외에 건강한 세포와 암세포에 가해지는 생리적 스트레스, 소포체 스트레스, 인터페론(IFN) 관련 반응도 세포 노화를 유도한다고 보고되었다. UV, γ-방사선, tert-부틸 하이드로퍼옥사이드(tert-butyl hydroperoxide)[5] 또는 항암 화학물질과 같은 DNA 손상제를 사용한 치료는 정상 세포와 암세포 모두에서 노화를 유도한다고 알려져 있다. 이를 '치료 유도 노화(Therapy-Induced Senescence, TIS)'라 하는데, TIS는 암의 확산을 억제한다. 노화 암세포는 면역체계에 의해 제거되지만 최근 연구에 따르면 오랫동안 생존해 노화 상태에서 벗어날 수도 있다. 특히 이러한 세포는 높은 공격성을 가진 줄기세포와 같은 상태로 회복되어 결국 암 재발을 촉진할 수 있

5 산화 스트레스 및 세포 손상을 일으키는 유도체로, 부분적으로 산화 방지제 글루타티온을 고갈시켜 작용한다.

는 잠재력을 지닐 수도 있다.

노화는 면역 반응에도 영향을 미치는데, 노화와 함께 발생하는 전신성 염증 상태는 골관절염의 원인이 되는 연골세포에서 노화의 유도 및 염증과 관련된 추가적인 노화 관련 질환과 관련된다고 알려져 있다.

심장박동수와 수명

심장박동수(HR)는 심근 수축과 이완의 단계로 구성된 심장 주기의 빈도를 설명하는 데 사용되는 용어이다. 이는 심혈관계의 상태를 반영할 뿐만 아니라 자율신경계(교감 및 부교감/미주신경계) 활동과 대사율을 나타내는 지표로도 사용된다. 고래나 코끼리와 같은 대형 동물의 경우 분당 30~35회(bpm)로 낮을 수 있고, 생쥐의 경우 600~700회(bpm)로 높을 수 있는 것처럼 포유류의 HR은 매우 다양하다.

포유류의 수명은 상당히 다양한데, 평균 HR이 느린 포유류가 빠른 포유류보다 훨씬 더 오래 사는 경향이 있다고 알려져 있다. HR과 수명의 관계는 인간을 제외한 다양한 포유류에서 HR이 수명과 반비례한다는 것을 설명한 허버트 르빈(Herbert J. Levine) 박사에 의해 잘 제시되었다(그림 4). 수많은 관찰 및 비교 연구를 통해 HR과 수명 간 상관관계가 밝혀진 사실을 고려할 때, 일생 동안의 HR이 정해져 있다는 생각은 그리 무리가 아닐 것이다. 심장 근육은 신체의 장기와 조직에 혈액을 공급하기 위해 수십 년 혹은 그 이상 쉬지 않고 지속적으로 수축과 이완을 반복해야 한다. 심장 근육은 스

그림 4. 심장박동수와 수명의 관계

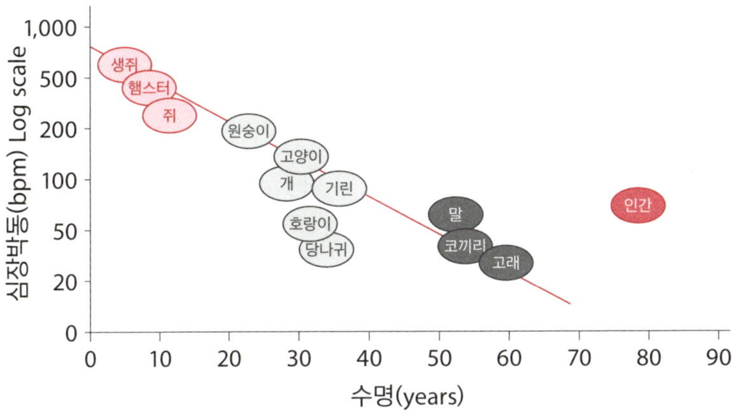

세로축은 분당 HR을 대수 눈금으로 0bpm에서 시작해 20bpm, 50bpm, 100bpm, 200bpm, 500bpm 및 1,000bpm의 값으로 나타냈다. 가로축은 기대 수명이 선형 눈금에 연 단위로 표시되어 있으며, 0년부터 시작해 10년 단위로 90년까지 표시했다. 이 그래프에는 다양한 동물이 표시되어 있다. 생쥐에서 고래까지 음의 기울기가 있는 선이 그려져 있어 bpm이 빠를수록 기대 수명이 짧아지고, bpm이 느릴수록 기대 수명이 길어진다는 점을 알 수 있다(Herbert J. Levine, "Rest heart rate and life expectancy," *Journal of the American College of Cardiology.*, vol. 30, no. 4, 1997, pp. 1104-1106에서 발췌).

스로 재생하거나 복구할 수 없기에 동물은 몇 번밖에 뛰지 못하는 심장을 가지고 태어났다고 가정하는 게 맞을 수 있다. 같은 종 내에서도 HR에는 극적인 차이가 날 수 있으며, 평균 HR과 수명 간에 반비례 관계가 있다는 점도 상관관계적인 설득력이 있다. 예를 들어 여러 역학 조사에서 인간은 높은 HR이 심혈관 사망률이나 심장 돌연사와 밀접한 관련이 있다고 나타났다. 최근 연구에 따르면 운동과 돌연사에 대한 연구에서 HR이 모든 원인에 의한 사망, 심근경색으로 인한 돌연사, 비급성 사망과 상관관계가 있다고 밝혀졌다.

HR이 포유류 및 개별 종의 수명과 반비례한다는 증거는 점점 더 많이 발견되고 있다. 단백질 산화, ROS 생성, 텔로미어 단축 등 최대 수명을 결정한다고 추정되는 수많은 요인이 이미 존재하지만, HR과 수명 간의 놀라운 상관관계를 고려할 때 HR이 최대 수명에 대해 또 다른 상한선으로 작용할 수 있음을 진지하게 고려해야 할 것이다. HR과 최대 수명 사이의 상관관계는 대사율과 심혈관 관련 사망 위험 모두에 의해 결정된다고 보이며, 생활 습관을 교정하거나 약제, 의료 기기를 통한 심장 둔화 개입이 최대 수명을 늘릴 수 있는지 여부를 결정하기 위해서는 더 많은 연구가 필요할 것이다. 스트레스 회피, 칼로리 제한, 규칙적인 운동 등 일반적으로 건강에 좋다고 알려진 생활 습관 요인은 모두 HR 감소를 가져올 수 있는 방법이지만, 이러한 건강상의 이점이 HR 감소만으로 인한 것인지는 불분명하다. HR이 심혈관 건강 및 사망률에 대한 명확하고 정확한 지표이자 예측 지표로 사용되기 위해서는 HR 관점에서의 연구, 예방, 치료 등 추가적인 노력이 우선시되어야 할 것이다.

신체 크기와 수명

몸집이 큰 동물이 체액과 열을 더 많이 함유하고 있기에 더 오래 산다는 아리스토텔레스의 생각은 과학계에서 그다지 설득력을 얻지 못했다. 신진대사 속도, 유해 ROS 생성과 장수 사이의 관계에 대한 보다 구체적인 가설은 더 강력하게 입증되었지만, 신체 크기와 수명의 관계에 대한 보편적인 설명은 아직 없다. 종의 평균 수명과 최대 수명은 내적이고 외적인 요인의 영향을 받으며, 장수와 크기 사

그림 5. 몸무게와 수명의 관계

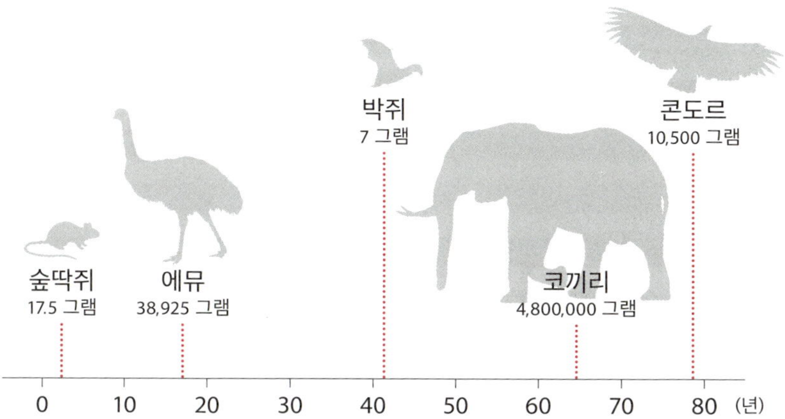

큰 동물은 작은 동물보다 오래 사는 경향이 있다. 또한 날아다니는 종은 같은 크기의 다른 종보다 오래 사는 경향이 있다(Kevin Healy, Luke McNally, Graeme D. Ruxton, Natalie Cooper, and Andrew L. Jackson, "Metabolic rate and body size are linked with perception of temporal information," *Animal Behaviour*, vol. 86, no. 4, 2013, pp. 685-696에서 발췌).

이의 일반적인 관계는 여러 변수에 의해 종마다 어떻게 상호작용하는지에 따라 다를 수 있다.

하지만 일반적으로 큰 종은 작은 종보다 오래 사는 경향이 있다고 말할 수 있다(그림 5). 그럼에도 크기가 종 내 수명에 미치는 영향을 살펴보면 이러한 관계는 종종 뒤집힌다. 특히 개의 경우, 몸집이 큰 개가 작은 개보다 더 빨리 늙고 수명이 짧다는 것은 잘 알려진 사실이다. 그렇다면 왜 대형견은 소형견보다 더 빨리 늙고 더 일찍 죽을까? 다시 말하지만, 단 하나의 답은 없다. 한 연구에 따르면 몸 크기만으로 품종 간 기대 수명 차이의 거의 50%를 설명할 수 있고, 근친교배의 정도를 체중에 더하면 품종 간 수명 차이의 거의 95%를 설명할 수 있다. 결국, 유전적 차이가 핵심일 가능성이 높다. 유전자가 몸집뿐만 아니라 수명 단축에도 영향을 미칠 가능성이 높기 때문이다.

3. 진화론적 관점에서의 노화

수년 동안 과학자들은 최적의 생존과 번식 성공을 위해 생명체를 설계하는 자연선택이 왜 세포 노화를 자손들에게 이어지도록 하는지에 대해 이해하지 못했다. 세포 노화가 배아 발생을 조절하는 데 필수적인 것은 아니지만 종양 세포의 증식을 제한하는 체크 포인트 역할을 한다는 최근의 발견은 진화가 왜 세포 노화를 막지 못하는지에 대해 설명할 수 있을 것이다. 이 설명은 초기에 유익한 효과를 가진 유전자들이 나이가 들면 해로워질 수 있기에 진화에 의한 선호로 자손들에게 전달될 수 있다는 이론을 세운 '대립적 다중성' 가설과 일치한다.

하지만 흥미롭게도 우리 자연계에는 포유류를 포함해 세포 노화를 극복하고 진화한 것으로 보이는 몇몇 동물이 있다. 1990년 서던캘리포니아(Southern California) 대학교의 케일럽 핀치(Caleb E. Finch) 박사와 동료들은 노화가 나타나지 않는 생명체의 존재 가능성을 분석했다. 우럭, 철갑상어, 거북, 쌍각류 연체동물, 특정 여러해살이 나무, 그리고 랍스터와 같은 생명체들이 야생에서 상당한 나이까지 생식 능력이나 기능적 활동과 같은 건강 상태의 눈에 띄는 감소 없이, 그리고 노화의 징후를 보이지 않고 생존했다는 점을 발견한 것이다. 게다가 흥미롭게도 어떤 생명체는 생물학적으로 불멸한다고 여겨진다. 작은 민물 크니다리아(*Cnidaria*)인 히드라는 어린 나이에 음의 노화를 보이다가 나이가 들면 무시할 수 있는 노화를 보이는 반면, 히드로조아의 작은 종인 튜리토프시스 뉴트리큘라(*Turritopsis Nutricula*)[6]는 성체가 되면 세포를 어린 시절로 되돌릴 수 있다고 알려져 있다. 주목할 점은 이 동물들의 경우 암에 걸리지 않으며, 배아 발생과 조직 개편은 포유류와는 다른 방식으로 조절한다는 것이다. 따라서 여러 생명체의 서로 다른 노화 기작에 대한 더 나은 이해는 생명체의 삶을 형성하는 진화적 힘에 대한 더 깊은 이해로 이어질 수 있다. 실제로 이것은 현재 많은 실험실에서 연구 중이다.

6 일명 '작은 보호탑 해파리'라고 불린다.

제3장

장수하는 동물들의 환경

동물의 노화와 수명은 다양한 환경 요인에 의해 영향을 받을 수 있다. 일반적으로 건강하고 적절한 환경 조건이 동물의 수명을 늘린다는 점은 알려져 있는데 환경 요인은 동물 종류에 따라 다를 수 있다. 동물의 장수에 영향을 미치는 몇 가지 요인을 분석해 보면, 식이 요인과 생활환경 요인 등 다양한 요인이 있다. 그중 공통적인 몇 가지를 꼽으면 다음과 같다.

첫째, 동물의 건강을 유지하는 데 매우 중요한 것은 올바른 식습관이다. 영양가 있는 먹이, 적절한 식이 조절, 적정량의 수분 섭취는 동물의 생존력과 장수에 긍정적인 영향을 줄 수 있다. 일반적으로 채식을 하는 초식동물은 수명이 긴 편이고, 육식동물은 비교적 짧은 편이다. 그러나 일부 육식동물은 매우 오래 살 수 있다. 예를 들어 사자의 평균 수명은 10~14년이지만, 20년 이상을 살 수 있는 사자도 있다. 육식동물의 장수 여부에 영향을 미치는 요인은 역시 먹이이다. 육식동물은 단백질과 지방이 풍부한 먹이를 먹으며, 이 영양소는 건강한 조직을 유지하고 신진대사를 조절하는 데 도움이 될 수 있다. 단백질은 건강한 조직을 유지하고 신진대사를 조절하는 데 필수적이고, 건강한 지방 섭취는 세포를 보호하고 염증을 줄이는 데 도움이 된다. 또한 육식동물은 비타민과 미네랄을 충분히 섭취해야 하는데, 비타민과 미네랄은 건강한 신진대사와 면역 체계를 유지하는 데 필수적이다. 육식동물도 건강에 해로운 먹이를 섭취하면 수명이 단축될 수 있다. 탄수화물이나 설탕이 많은 먹이를 섭취하면 소화하고 에너지로 전환하는 데 많은 에너지가 필요하고, 염증과 질병의 위험이 증가할 수 있으며, 과식으로 인해 비만이 되면 건강에 악영향을 미칠 수 있어 장수에 부정적으로 작용한다. 이에 반려견, 반려묘와 더불어서 인간도 육식을 하는 동물이기에 장수에 도움이 되는 단백질, 건강한 지방산(특히 불포화지방산), 비타민 및 미네랄 등을 적정량으로 섭취하면 건강하게 오래 살 수 있다는 결론에 도달할 수 있다. 특히 최근에는 반려동물에게도 인간과 마찬가지로 암 또는 대사성 질환들이 증가하고 있는데 이 또한 건강하지 않은 음식 섭취에서 기인한 것이라 볼 수 있다.

둘째, 동물이 장수하는 데 도움이 되는 요인은 그들이 살아가는 환경이다. 충분한 먹이와 물 섭취는 건강을 유지하고 번식하기 위해 필요하며, 안전한 서식지는 그들이 포식자로부터 위협을 느끼지 않으며 번식할 수 있는 장소이고, 적절한 온도와 습도는 그들이 건강을 유지하고 질병을 피하는 조건이 될 수 있다. 적절한 활동 역시 건강 유지에 필요한데, 이것은 동물들이 자유롭게 돌아다닐 수 있는 충분한 공간이 확보된 서식지에 살고 있어야 함을 의미한다. 충분한 활동 공간, 햇빛 노출, 깨끗하고 안전한 환경은 동물의 건강과 행복을 증진시킬 수 있고, 이는 곧 동물의 장수로 이어질 수 있다.

마지막으로, 동물들이 장수하는 데 필요한 흥미로운 요인 중 하나는 사회적 상호작용이다. 일부 동물은 사회적 동물로 다른 동물과 함께 살아야 하고, 이것은 그들이 번식하고 더 오래 사는 데 도움이 된다고 알려져 있다. 그러므로 동물들이 각기 적합한 사회 구조 내에서 상호작용하고 소통할 수 있는 환경이 중요하다고 할 수 있다.

결론적으로 각 동물종마다 수명에 영향을 미치는 환경 요인은 다를 수 있으며, 이는 해당 동물의 생태학적 요구와 관련이 있다. 따라서 동물들이 건강하게 오래 살기 위해서는 각 동물이 종류와 생태학적 특성에 맞는 적합한 환경 속에서 살아가는 일이 중요하다.

1. 환경 적응과 수명 연장의 상관관계

행동뿐 아니라 생리적·형태적·유전적 반응으로 인해 특정 생태계에서 생존하는 생명체의 능력을 '적응'이라고 한다. 생태 적응은 종의 생태계, 형태, 복잡성의 차이에도 불구하고 장수가 관찰되는 혈통과 종의 수명 연장의 강력한 기반이 된다고 알려져 있다. 수명이 긴 동물종은 서식지의 특성상 외적 사망률이 낮거나 포식자로 인한 임박한 위험을 회피할 수 있는 진화 메커니즘을 가지고 있다. 예를 들어 박쥐와 새는 먹이를 찾고 포식자와 악천후로부터 탈출하기 위해 비행 능력을 진화시켜 외적 사망률을 낮췄을 것이고, 벌거벗은 두더지쥐는 지하에 서식하는 방법을 터득해 포식자를 줄였으며, 파충류는 포식자와 위험한 환경으로부터 스스로를 보호하기 위한 비늘 껍질이 있고, 코끼리, 고래류와 같은 대형 동물은 압도적인 몸집 덕분에 포식자가 거의 없다. 일부 동물은 환경 적응을 통해 특정 질병에 대한 저항력을 향상시키는데 이는 수명 연장에 중요한 역할을 할 수도 있다. 인간은 고도로 지능적이므로 수명 연장에 이바지하는 보호 환경을 개발할 수 있고 이러한 능력이 외적 사망률을 낮추는 데 이바지하리라 기대하지만, 아직 이에 따른 정확한 메커니즘을 설명하지는 못한다.

장수하는 종의 특징은 수명과 관련된 필수적인 생체 반응과 관계가 있고, 게놈의 효율적인 적응 반응을 나타내며, 장수에 기여하는 향상된 게놈 유지를 위한 DNA 손상 반응 및 복구 기능이 있다는 점이 여러 증거로 확인된다. 현재는 많이 저렴해진 게놈 시퀀싱 덕분에 게놈 데이터를 이용할 수 있게 되면서 장수종의 게놈에서 많이 발현되는 유전자들, 희귀 서열 변이, 게놈 복제 같은 것들이 생태 적응, 신체 크기 진화, 질병 저항성에 기여한다는 점이 밝혀졌다. 장수종의 수명 연장 메커니즘은 현재 명확하게 밝혀지지는 않았지만, 게놈 분석을 통해 발견된 새로운 증거는 종의 장수에 중요한 역할을 한다는 점을 말해 준다.

2. 잠재적으로 장수를 촉진하는 저산소 적응

다양한 환경은 생물들이 서식환경에 보다 유리하도록 변화하는 과정을 나타내는 '적응 생존'을 설명할 수 있지만, 일부 생태계는 서식지에서 생존할 수 있는 종을 제한하는 특징이 있다(온천, 북극, 높은 산 등이 그 예이다). 산소가 부족한 환경(저산소 상태)에 사는 생물은 저산소증이라는 지속적인 도전에 직면하며 생존에 도움이 되는 생리적 특징을 개발해야 한다. 진화적으로 이러한 생명체들은 산소 흡수를 최적화하거나 신진대사에 필요한 산소 요구량을 줄이는 방향으로 진화했을 것이다. 저산소증에 대한 적응은 중앙 대사, 세포 호흡, 헤모글로빈 매개 산소 수송, 저산소증 유발 인자 신호 전달 체계와 같은 경로에 작용하며, 그 메커니즘은 생리학적·생태적 차이, 생활 방식 및 적응 적합성에서 기인할 수 있다.

하버드 대학교 의과대학 블라바트닉연구소의 시스템생물학 교수 뱀시 무타(Vamsi Mootha)는 2023년 발표한 논문에서, 비정상적으로 짧은 수명을 가지고 태어난 쥐의 한 변종이 예상을 뒤엎고 에베레스트산 베이스캠프와 거의 유사한 저산소 환경에 놓였을 때 예상보다 50% 더 오래 살았다고 보고했다.[1] 일부 연구에서 주변 공기의 산소 농도를 해수면보다 훨씬 낮은 수준인 약 21%로 제한하는

1 Robert S. Rogers, Hong Wang, Timothy J. Durham, Jonathan A. Stefely, Norah A. Owiti, Andrew L. Markhard, Lev Sandler, Tsz-Leung To, and Vamsi K. Mootha, "Hypoxia extends lifespan and neurological function in a mouse model of aging," *PLOS Biology*, vol. 21 no. 5, 2023, e3002117.

경우 초파리, 선충류, 효모, 포유류 세포 등 다양한 모델이 수명을 연장할 수 있다고 제안한 바 있다. 인간의 경우, 여러 역학 연구에서 높은 고도에 사는 인간은 나이가 들어도 더 건강한 상태를 유지하는 경향이 있다고 보고되었지만, 산소 제한과 포유류의 장수 사이의 정확한 기작은 아직 밝혀지지 않았다. 비교적 장수하는 것으로 알려진 티베트 고원에 사는 티베트족은 높은 고도의 저산소 조건에 적응한 인간 집단의 한 예이며, 장수하는 벌거벗은 두더지쥐는 지하 틈새의 저산소 조건에 적응한 동물의 한 예이다. 반면 장수하는 거북이나 고래류와 같은 종은 간헐적인 저산소 조건에 적응했을 것이다. 저산소증 발생이 무척추동물을 비롯해 척추동물까지 수명을 연장하는 것으로 보고되었기 때문에 저산소 적응은 생명체의 장수에 기여한다고 여겨진다.

분자생물학적으로 저산소 조건에서는 저산소 유도 인자(HIF-1)라는 단백질이 유도된다. 이것은 일반적으로 저산소 조건에서 활성화되는 저산소 반응 경로의 주요 매개체로, 이 경로와 HIF-1을 조절하면 수명을 각기 다른 기간으로 연장할 수 있다고 알려져 있다. 그러나 HIF-1은 다양한 유형의 종양 진행과 밀접한 연관이 있어 그 발현은 암 조직에서 나타나는 저산소증을 매개하면서 종양세포들이 잘 자라게 하는 데 기여하기에 더 많은 연구가 필요하다. 그럼에도 HIF-1과 저산소증 반응 경로의 조절은 수명 연장을 위해 실행 가능한 것으로 알려져 왔으며, 초파리를 통해 이미 입증되었다. 이 외에도 최근 연구에서 32일 동안 만성 저산소증(11.8% 대기 중(atm) 산소)에 노출된 생쥐는 칼로리 제한을 포함한 장수 조건에서 자란 생쥐와 유사한 유전자 발현 패턴을 보였다. 이는 수명 조절 메커니즘이 관련 유전자 및 신호 전달 체계에 수렴되어 장수 인자에 의해 조절될 때 유사한 패턴의 발현을 보일 수 있음을 시사한다.

저산소증은 노화 관련 경로와 관련된 나쁜 영향을 상쇄하고 보상할 수 있으리라 여겨진다. 최근에 밝혀진 바와 같이 티베트 고원에 사는 100세 이상의 노인들은 중국 내 다른 지역 거주 노인들보다 수명이 더 길다고 알려져 있다. 빠른 진화를 나타내는 유전자 변이는 산소가 충분한 곳에 사는 중국인보다 티베트인의 노화 관련 유전자에서 유독 높다고 한다. 이와 관련된 연구에서는 저산소증과 노화 중에 발현되는 유전자 사이에 유의미한 음의 연관성이 있음을 발견하기도 했다. 모델 생명체에서 저산소증에 의해 늘어난 수명과 유사하게, 저산소증 조건은 일반적으로 적게 발현되는 장수 관련 유전자를 많이 발현할 수 있도록 조절한다고 알려져 있다. 이 독특한 적응의 획득으로 이어지는 티베트인의 고지대 적응은 약 5만 년 전 홍적세(Pleistocene) 중반에 고원에 거주했던, 지금은 멸종된 호모 데니소바(데니소바인)의 유입을 통해 전달되었다고 추측한다.

벌거벗은 두더지쥐의 경우, 지하 저산소증에 적응하는 부분이 장수를 뒷받침하는 분자 메커니즘을 연구하는 데 있어 핵심 관심사 중 하나이다. 벌거벗은 두더지쥐와 수명이 연장된 다른 지하 두더지쥐들은 지상 포유류와 달리 지하 굴에 적응하는 데 도움이 되는 유전체 및 생리적 구조에서 유사한 패턴을 보인다. 예를 들어 지하에 사는 벌거벗은 두더지쥐는 농도가 낮은 산소, 그리고 이산화탄소와 암모니아가 많은 환경에서 산다. 체내에는 간 요소 순환의 마지막 단계를 촉매하고 체내 암모니아를 제거하는 데 중요한 역할을 하는 아르기나아제1(ARG1)[2]이 있는데, 벌거벗은 두더지쥐의 경우 다른 종에 비해 ARG1 아미노산 잔기에 광범위한 변화가 관찰되었다. 이러한 변화는 아르기나아제 활성을 증가시켜 암모니아 제거를 도울 수 있다. 더불어 요소 주기와 관련된 다른 유전자들의 발현도 촉진되었는데 여기에는 설치류의 간에서 일반적으로 발현되지 않는 두 번째 아르기나아제 유전자인 아르기나아제2(ARG2)가 포함되었다. 요소 순환에 필수적인 미토콘드리아 오르니틴 수송체 ORNT1(SLC25A15)의 발현이 벌거벗은 두더지쥐에서 증가하기도 했다. 이러한 데이터를 종합하면 지하에 사는 벌거벗은 두더지쥐는 암모니아 해독 능력이 늘어났음을 알 수 있다.

하지만 위에서 언급한 HIF-1 유전자와 같은 ARG 활성 증가도 인간 암을 포함한 특정 병리와 관련이 있다고 알려져 있다. ARG1과 ARG2가 다양한 유형의 암에서 비정상적으로 많이 발현되고, L-아르기닌 대사 조절, 종양 면역 미세 환경 영향 등을 통해 종양 성장 및 전이 조절에 중요한 역할을 한다는 사실이 최근 점점 더 많은 연구를 통해 밝혀지고 있다. 따라서 ARG1과 ARG2는 수명 연장에 중요한 역할을 하지만 암세포 성장에도 영향을 미치기에 더 많은 연구가 필요할 것이다.

저산소에 적응하는 고지대 거주자뿐만 아니라 모든 지하 두더

2 아르기나아제는 요소 순환의 주요 가수분해 효소로, L-아르기닌을 요소와 L-오르니틴으로 가수분해를 한다.

지쥐에서 저산소증 관련 유전자, DNA 복구 및 글로빈 단백질의 높은 발현이 관찰되었다. 저산소증 적응은 동면하는 종과 유사한 생리적 특징인 저체온증과 저대사를 유도하며, 이 또한 수명 연장과 관련이 있다고 알려져 있다.

주요 노화 관련 경로와 관련된 적응 메커니즘을 실험적으로 조작하면, 해당 동물에서 때때로 부정적인 연동성 또는 에피스타시스(Epistasis)[3]가 나타나지만 수명 연장과 유사하게 이어지기도 한다. 노화 연구에 적합한 수생 무척추동물인 로티퍼 브라키오누스(*Rotifer Brachionus*)에 대한 저산소증 연구에 따르면 1.6% 산소(정상은 20.9% 산소)에 지속적으로 노출되었을 때 평균 수명이 107% 연장된다고 나타났다.[4] 로티퍼 브라키오누스가 처한 저산소 조건은 생식 성공률을 2배 증가시키고, 스트레스에 대한 세포 보호 기능을 강화하기도 했다. 초파리에서 저산소증으로 인한 스트레스는 HIF-1 경로 조절을 통한 수명 연장과 관련이 있으며, HIF-1을 음으로 조절하는 VHL-1(von Hippel-Lindau 1)의 기능 상실은 초파리의 수명을 크게 증가시키는 결과를 가져왔으나 다른 식이 제한 요법에서 만성 저산소증과 HIF-1 활성은 초파리의 수명을 감소시켰다. 이는 많은 모델 생물과 같은 저산소증에 민감한 종의 저산소 반응 실험은 야생에 살면서 저산소 환경에 적응한 저산소증 내성 생물들과 다르리

3 상위성. 특정 유전자 변이의 효과가 다른 유전자의 효과에 의해 가려지는 것을 의미한다.

4 Terry W. Snell, Rachel K. Johnston, and Brande L. Jones, "Hypoxia extends lifespan of Brachionus manjavacas (Rotifera)," *Limnetica*, vol. 38, no. 1, 2019, pp. 159-166.

라 예상하게 한다. 그러므로 저산소증의 수명 연장 반응을 평가하기 위해서는 공식적인 계통 발생학적 분석이 필요하다.

관찰과 분석을 종합하면 수명을 조절하는 데 있어 HIF-1과 저산소증 반응 경로의 중요성이 강조된다. 그러나 HIF-1의 활성이 암세포에서 중요하기에 좀 더 정확한 HIF-1의 역할뿐 아니라 장수와 종양 발생에서의 HIF-1 역할에 대한 고찰이 필요하다. 그럼에도 저산소 적응은 티베트인, 두더지쥐 및 다양한 모델 생물체에서 관찰된 것처럼 복잡한 방식으로 장수에 기여한다.

3. 수생생물의 적응과 수명 연장

저산소 환경과 마찬가지로 북극과 남극은 많은 생물에게 매우 불리한 환경임에도 지구상에서 가장 수명이 긴 척추동물이 서식하고 있다. 북극은 극도로 낮은 기온, 낮은 염분, 제한된 자원이 특징이며, 이러한 까다로운 환경은 서식하는 동물에 큰 영향을 미친다. 북극에 사는 동물들은 극한 환경에 적응하기 위해 생리적·행동적·신체적으로 진화해 왔다. 북극고래(*Balaena mysticetus*, Bowhead Whale), 그린란드상어(*Somniosus microcephalus*)와 같은 종은 최대 수명이 200년 이상인 최장수 척추동물 중 하나로, 특히 그린란드상어는 300년 이상을 살 수 있다고 추정된다. 이러한 종의 장수 특성에 대한 연구는 아직 제대로 이루어지지 않았으나 주로 온도, 식이, 신진대사에 의한 적응이 고래류의 수명 연장에 기여한다고 알려져 있다.

고래류의 큰 몸집은 아마도 효율적으로 증가된 생체내 암 방어 메커니즘, 종양 억제유전자와 함께 진화했으리라 생각한다. 덕분에 고래류는 평생 암에 걸릴 확률이 낮고, 이는 종양 억제유전자와 몸집이 커지면서 나타나는 장수의 기초인 분자 메커니즘 간의 강력한 상호작용을 통해 이루어진다. 고래는 인간보다 세포가 많음에도 인간보다 훨씬 적은 암 발병률을 보이는데, 이는 종 수준에서 암 발병률이 생명체의 세포 수와 상관관계가 없어 보인다는 페토의 역설(Peto's paradox)을 증명하는 대표적인 예이다.

고래류의 큰 몸집은 체온 조절, 먹이 효율, 대사율과 해양생태계에 의해 유지된다. 작고 지질이 풍부한 먹이를 충분히 섭취하는 귀신고래는 지방 조직의 축적량이 매우 높고 렙틴[5] 축적량도 높다. 이것은 귀신고래의 극단적으로 큰 몸과 낮은 암 발병률을 부분적으로 설명할 수 있다. 그린란드상어는 다른 모든 장수종이 지니는 뛰어난 항산화 보호 기능은 부족하지만, 대사율이 매우 낮고 일일 에너지 요구량도 낮다. 그린란드상어와 귀신고래 모두 심해 잠수 중에 간헐적으로 저산소증을 경험하는데 저산소에 적응하는 기작은 앞서 살펴봤던 벌거벗은 두더지쥐의 장수 기작과 비슷하리라 짐작한다. 귀신고래의 게놈을 분석해 보니, 수명 연장을 지원하는 적응 기작을 포함할 뿐 아니라 유전자 복제와 선택을 통해 영속화되면서 질병 및 암에 특징적인 유전자가 있다는 것이 밝혀졌다. 이는 고래류의 종양 억제 유전자의 특이한 발현과 광범위한 유전자 복제에

5 음식을 섭취한 후에 발현되는 호르몬이다.

대한 최근 보고와 일치하며, 이 군집의 큰 몸은 종양 억제 경로의 발달과 상관관계가 있다고 보고되었다. 이러한 유전자 종류는 신진대사, 세포 증식 및 동물의 수명을 조절한다고 여겨지는 경로에 관여한다고 알려져 있다.

게놈 시퀀싱과 게놈 비교 분석을 통해 생태 적응, 질병 저항성, 암과 관련된 몇 가지 독특한 유전자들의 아미노산 변이가 장수하는 고래 중 하나인 혹등고래(*Megaptera novaeangliae*, Humpback Whale) 게놈에서 발견되었다. 예를 들어 ERCC1(The Excision Repair Cross-Complementation Group 1) 및 HDAC1(Histone Deacetylase 1) 유전자는 각각 DNA 복구 및 염색질 구조 조절 경로와 관련이 있는데 혹등고래에서 이러한 유전자들의 독특한 아미노산 서열이 발견된 것이다. 아마도 이러한 아미노산 서열이 단백질 기능을 향상시켰으리라 추론된다. 게다가 벌거벗은 두더지쥐에서 관찰된 체온 조절 및 에너지 대사의 분자적 적응에 기여하는 UCP1(Uncoupling Protein 1) 유전자를 혹등고래에서도 발견했는데, 염기서열 분석 결과 계통 특이적 돌연변이가 관찰되었다. 또한 고래들에게서 인슐린과 mTOR을 포함한 대사 및 저산소증 내성 경로를 매개하는 여러 유전자들이 선택적으로 발현되는 것을 발견했는데, 이것은 수명 연장에 필수적인 경로이자 신진대사와 생태 적응에 중요한 역할을 한다.

장수고래 중 하나인 북극고래는 다른 포유류와 차별적으로 간에서 발현되는 유전자들이 있는데, 이 유전자들은 고지방 식이에 대한 적응 메커니즘을 통해 포도당 생성을 강화하는 데 도움이 된다. GRB14(Growth factor receptor bound protein 14) 유전자의 낮은 발현은 IIS 경로에 영향을 미치고, 식이 관련 만성질환에 대한 보호막 역할을 한다. 또한 CITED2(Cbp/p300-interacting transactivator) 유전자의 높은 발현은 칼로리 제한과 유사한 역할을 하기에, 이 유전자들이 지질 및 포도당 대사를 통한 수명 조절에 기여함을 시사한다. 간에서 특이하게 발현되는 유전자들은 북극에 적응할 수 있는 메커니즘인 저산소증에 대한 내성 증가와 DNA 복구와 관련된 기작에 연관된 유전자들이다. 또한 염색체 완전성 유지 및 종양 억제와 관련된 기능을 하는 p53의 유전자가 발현되기도 했는데, 이는 북극고래의 노화 관련 변화에 대한 보호 기능과 관련이 있다. 여러 단백질의 고유한 아미노산 변화와 암에 중요한 역할을 하는 필수 유전자(예: Microtubule Associated Scaffold Protein 1, Glycogen Synthase Kinase 3, Prune Exopolyphosphatase 1 및 Cytoplasmic FMR1 Interacting Protein 1)들이 과발현되는 것을 확인했을 때 이러한 유전자들이 전반적으로 수생생물의 수명을 결정하고, 신체 크기, 게놈, 종의 생리학에 작용하는 선택적 제약에 의한 생태적 적응과 일관성을 갖는다고 알려져 있다.

4. 비행 생명체의 신진대사 조절과 수명 연장

조류는 비슷한 크기의 육상 포유류 대부분보다 높은 평균 수명을 가져 진화적으로 성공적인 척추동물이다(일부 예외는 존재한다). 비행 능력이 노화와 무관한 사망률로부터 보호해 주기 때문에 장수할 수 있다는 의견도 있지만 비행 능력이 조류의 장수에 전적으로 영향을 준다는 명확한 적응 메커니즘은 아직 발견되지 않았다고 보인다. 조류의 비행 및 활공 능력과 수목 생활이 장수에 기여한다고 여겨지나 세포 보호 적응 능력도 대사 폐기물로 인한 조직 손상으로부터 비행 생명체를 보호한다고 여겨진다. 또한 동력 비행은 포식자, 질병, 기근 및 기타 환경의 위험으로부터 빠르게 탈출할 수 있도록 해 현존하는 비행 조류의 장수에 도움을 주기도 한다. 조류의 장수 특성에는 앵무새에서 볼 수 있는 사회적 조직과 인지 능력, 노년기의 높은 번식 성공률과 함께 느린 노화가 포함되기도 한다. 앵무새뿐 아니라 벌새, 바닷새, 명금류[6]는 독특하고 공유된 적응 형질을 통해 독립적으로 장수를 진화시킨 종이다.

조류와 마찬가지로 박쥐는 동력 비행이 가능하며, 체질량을 기준으로 가장 오래 사는 포유류로 간주될 수 있고 최대 수명도 비행 능력이 없는 포유류에 비해 3.5배 더 높다. 또한 박쥐는 위험한 환경과 포식자로부터 멀리 날아가 외적 사망률을 줄일 수 있으며 동굴 동면도 박쥐의 장수에 기여하는 다른 특징이다. 비교진화론적 연구에 따르면 박쥐에서 극단적인 장수는 적어도 네 번 이상 진화했으며 이 네 그룹에는 쥐귀박쥐(*Myotis*), 말굽박쥐(*Rhinolophus*), 긴귀박쥐(*Plecotus*), 흡혈박쥐(*Desmodus rotundus*)가 포함된다. 이 혈통들은 동면할 수 있는 능력을 지니며, 이 중 흡혈박쥐는 협력적인 사

6 참새아목에 속하는 새 종류로 이름대로 노래하는 조류들을 총칭한다. 참새아목은 매우 다양한데 대표적으로 참새, 꾀꼬리, 까마귀, 딱새, 오목눈이 등이 있다.

그림 6. 상대적으로 장수하는 조류들

벌새 앵무새 참새 바다새

회적 행동과 먹이 공유 패턴을 가지고 있어서 먹이를 확보할 수 없는 동료가 굶어 죽을 가능성을 줄인다. 그렇기에 수명에 있어 동면의 영향을 흡혈박쥐에게 적용하는 것은 논란의 여지가 있다. 미국 알래스카 대학교의 헤리드(Clyde F. Herreid) 박사는 1964년 연구에서 동면하는 박쥐와 동면하지 않는 박쥐의 수명에 관찰되는 차이가 없다고 보고했지만, 미국 메릴랜드 주립대학교의 윌킨슨(Gerald S. Wilkinson)과 사우스(Jason M. South) 박사 등은 2002년에 발표한 논문에서 동면 시 수명이 크게 증가한다고 보고했다. 그러나 동면하는 박쥐와 동면하지 않는 박쥐 모두 비슷한 몸집의 다른 포유류보다 훨씬 오래 산다. 동면은 포식자에 의한 사망과 굶주림의 위험을 줄여 주며, 대사율을 낮추고 체온을 낮춰 준다. 동면 중 대사율이 감소하면 세포 손상을 유발할 수 있는 대사성 노폐물의 축적이 감소한다고 여겨지기도 한다. 또한 동면하는 박쥐는 혈당 및 인슐린 감소, 해당 효소 활성 감소, 단백질 합성 증가, 강력한 항산화 방어 등 설치류의 칼로리 제한으로 인해 발생하는 현상과 매우 유사한 특징을 보여 준다.

비행은 박쥐와 조류의 대사율이 높은 주된 이유이다. 비행은 그 자체로 척추동물의 다른 형태의 활동에 비해 효율적이지만 에너지가 많이 드는 기작이다. 높은 대사율로 인해 박쥐와 조류는 더 높은 돌연변이율을 보이고 그에 따라 수명이 짧으리라 예상할 수도 있다. 하지만 박쥐의 경우 매일 대사율을 감소시키는 능력, 즉 잠자는 능력이 장수에 크게 기여할 수 있다고 여겨진다. 몸집이 작은 박쥐종은 주로 온대 지역에서 발견되며, 잠자는 상태에서 대사율을 거의 절대적으로(99%) 감소시킬 수 있다고 알려져 있다. 또한 박쥐는 비행 중 분당 900회까지 치솟는 심박수를 휴식 상태에서는 분당 200회까지 낮추는 에너지 보존 능력이 있어 일일 에너지 소비량을 10%까지 줄일 수 있다. 높은 대사율로 인한 ROS에 의한 산화적 손상은 노화의 원인이 될 수 있기에, 새와 박쥐의 장수를 설명하는 데 적용할 수 있을 것이다.

조류와 박쥐의 독특한 염색체 분절 결실과 유전체 간 거리 감소는 유전체에서 유전자 근접성을 용이하게 해 비행 중 신진대사에 필요한 개별 유전자 세트의 빠른 발현과 조절을 돕는다고 알려져 있다. 또한 신진대사 메커니즘과 연결된 여러 유전자가 양성 발현

선택을 받는다고 밝혀지면서 조류의 동력 비행과 신진대사 사이에는 공동 조절뿐 아니라 유전자 공진화(coevolution) 가능성도 존재한다. 새와 박쥐가 높은 대사율에서 기인하는 해로운 효과를 회피하는 메커니즘에 대해서는 아직 완전히 밝혀지지 않았지만, 세포 보호 및 대사 기능을 담당하는 NRF2(Nuclear Factor Erythroid-2-related Factor 2)와 같은 일련의 유전자를 활성화해 항산화 반응을 매개한다는 점은 알려져 있다. 산화 스트레스가 없는 경우, KEAP1(Kelch Like ECH Associated Protein 1)은 NRF2를 표적 삼아 분해하고 NRF2의 낮은 발현 수준을 유지한다. 흥미롭게도 조류 전반에 걸쳐 보존된 KEAP1 유전자는 현대 조류로 이어지는 계통에서 변화가 생겼고, KEAP1의 기능 상실은 NRF2가 분해되지 않음을 의미하며, 이는 조류에서 NRF2가 많이 발현된다는 것을 뜻한다. 이것은 신진대사가 증가하는 동안 ROS에 의한 손상으로부터 세포와 조직을 보호하는 적응 메커니즘으로 보인다. 흥미롭게도 NRF2의 과발현과 KEAP1의 녹다운은 각각 초파리에서 수명을 증가시켰으며, 마우스에서도 비슷한 효과를 냈다.

앵무새를 비롯한 기타 장수 조류에서 DNA 손상 및 복구, 세포주기 조절 및 대사 경로와 관련된 여러 유전자와 경로가 선택적으로 발현이 된다고 밝혀졌다. 특히 앵무새, 재두루미, 타조 및 기타 장수 조류에서 SOD3(Superoxide Dismutase 3)[7] 유전자가 선택적으로

7 SOD3은 폐, 신장 및 지방조직에 분포하는 세포 외에 분비되는 단백질로 세포를 산화적 손상으로부터 보호하는 역할을 한다. 동종 항산화제인 비타민C보다 3,500배 높은 항산화 효과를 지닌다.

발현되는데, 이는 조류가 높은 대사율에 맞서기 위해 유사한 적응 반응을 진화시켰을 수 있음을 시사한다. 그러나 종별 대사율과 상관없이 수명이 긴 동물은 일반적으로 미토콘드리아에서 ROS의 생성률이 낮다고 알려져 있다.

5. 체온 조절과 수명 연장

파충류는 일반적으로 수명이 길며, 야생에서 노화가 거의 나타나지 않고 다양한 환경에 적응한 종으로 알려져 있다. 투아타라(*Sphenodon punctatus*)는 100년을 훨씬 넘게 살 수 있는 수명과 함께 극도의 번식 능력을 가진 파충류종이지만 파충류 중 성장률이 가장 낮은 종일 수도 있다. 투아타라의 최적 체온은 16~21℃이며, 5℃ 이하의 온도에서도 활동성을 유지한다. 이러한 비정상적인 온도 적응은 일시적 수용체 전위(Transient Receptor Potential, TRP) 이온 채널이라는 체온 조절 유전자의 제어를 받는다고 알려져 있다. 투아타라에서는 37개의 TRP 유전자가 확인되었으며, 이 가운데 상당수가 발현된다고 알려져 있다. 또한 투아타라는 인간보다 하나 더 많은 26개의 셀레노 단백질(Selenoprotein)[8] 유전자와 4개의 셀레노시스테인(Selenocystein) 특이적 tRNA[9]를 가지고 있다. 이 유전자는 산화 환

8 암을 예방하는 데 도움이 되는 것으로 알려진 단백질이다.
9 단백질 합성 시 아미노산을 운반하는 운반체이다.

원 조절을 담당하고 노화 방지에도 관여한다. 미량 원소인 셀레늄(Se)은 귀중한 항산화 특성을 지니고 있어 건강 증진을 위한 건강보조 식품으로 여겨져 왔다. 이는 항산화 방어, 면역 기능 및 대사 항상성 개선에 관여하기에 점진적이고 자발적인 생화학적·생리적 변화를 리모델링해 잠재적으로 질병 예방과 건강한 노화로 이어질 수 있다. Se는 물, 토양 및 음식에서 자연적으로 발생하는데, 아미노산, 펩타이드 및 효소는 생물학적으로 중요한 주요 Se 함유 유기 화합물로 간주된다. 아미노산 시스테인의 S-to-Se 치환 변이체인 셀레노시스테인은 셀레노 단백질의 핵심 구성 요소이기에 Se의 생리적 효과는 주로 셀레노 단백질을 통해 나타난다. 총체적으로 극저온에 대한 적응, 산화적 손상에 대한 보호, 질병 저항성이 투아타라의 장수에 기여하는 것으로 보인다.

거북은 노화가 느리게 진행되는 동물로 연구된 또 다른 파충류종으로, 많은 연구가 축적되면서 노년기에도 생식률·번식률이 감소하지 않으며 장수한다고 알려져 있다. 블랜딩거북(*Emydoidea blandingii*), 세 발가락 상자거북(*Terrapene Carolina triunguis*), 페인트거북(*Chrysemys picta*)과 같은 종은 고령에도 번식에 성공한다고 보고되기도 했다. 거북의 장수에는 어떤 육상 척추동물보다도 극한 환경에 대한 적응 메커니즘을 잘 포함하고 있으며, 이는 벌거벗은 두더지쥐와 비교할 수 없을 정도이다. 예를 들어 연못거북(*Trachemys scripta*)은 산소가 전혀 없는 혹독한 추운 날씨에서도 살아남을 수 있으며, 수 주 동안 혐기성 환경에 전적으로 의존할 수도 있다. 무산소 상태에 2주간 노출된 거북의 뇌 미토콘드리아는 만성 무산소 상태에 대한 내성이 증가해 대사 기능 조절을 위한 정상 산소 상태와 무산소 상태 사이의 전환을 지원하는 효율적인 내인성 메커니즘이 진화한 것임을 보여 준다. 거북은 조직에 높은 수준의 세포 보호 단백질들을 지니고, 스트레스에 매우 강하며, 저효율 대사 상태를 유지한다. 더 나아가 거북은 포유류의 뇌 피질에 존재하는 비타민C의 2배에 달하는 높은 비타민C 농도를 유지하는데, 이러한 특별한 내성 메커니즘은 생태적 제약을 극복하기 위해 적응형질을 획득하는 일반적인 현상으로, 종의 장수에 결정적인 역할을 할 수 있다.

체온 조절은 동물의 신진대사에 필수적인 부분이다. 그러나 코끼리의 체온 조절과 신진대사를 조절하는 적응 메커니즘에 대해서는 아직 밝혀지지 않았으며, 코끼리의 체온 조절과 수명 및 노화의 연관성도 밝혀지지 않았다. 그러나 코끼리는 종종 체온보다 온도가 높은 더운 기후에서 살아간다. 땀샘이 부족한 코끼리의 열 손실 메커니즘 중 하나가 큰 귀를 펄럭이는 행동이지만, 열 전달의 유전학적 메커니즘에 대해서는 잘 알려져 있지 않다. 그럼에도 코끼리는 온도 게이팅 메커니즘에 관여하는, 일시적 수용체 잠재력 멜라스타틴이라고도 알려진 이온 채널 TRPM8(Transient Receptor Potential Cation Channel Subfamily M Member 8)을 통해 서식지 온도에 대처하기 위해 적응형 온도 감지 메커니즘을 진화시켰을 수도 있다. 코끼리의 TRPM8 단백질 내 919번에 위치한 돌연변이는 온도 센서의 조절 부위이거나 동기적으로 분산된 온도 감지 잔류물을 포함한다고 알려져 있다. 이전 연구에서는 코끼리를 포함한 대형 동물의 주요 체온 조절 메커니즘으로 일일 체온 변동의 조절을 담당하는 일

주기적 열 저장 메커니즘을 확인했다. 이 메커니즘은 대형 동물들이 일 주기에 따라 체온을 변화시키거나, 특정 시간대에 더 많은 열을 생산하거나 방출할 수 있도록 적응되었다. 동물들은 일 주기적 열 저장 메커니즘을 통해 자신의 활동 패턴을 조절할 수 있으며, 일부 동물은 열을 저장하는 동안에는 휴식을 취하고 열을 방출할 때에만 활동적인 행동을 한다. 이 메커니즘은 낙타나 아라비아 오릭스 같은 대형 사막 동물에게 공통적으로 나타나는 것으로, 덥고 건조한 기후에서 에너지와 수분을 모두 보존할 수 있는 적응 전략이다. 코끼리의 적응적 체온 조절이 노화와 수명 연장에 어떤 역할을 하는지에 대해서는 아직 미지수이지만, 아프리카 코끼리의 전자 전달 사슬(ETC) 복합체에서 적응 진화의 증거가 발견되었다. 특히 NADH 탈수소 효소와 ATP 합성 효소를 암호화하고 산화 인산화 경로(OXPHOS)에서 기능하는 두 유전자가 많이 발현되었으며, 산화적 인산화 유전자는 세포 활동에 필요한 에너지 대사, ATP 생성 및 열 생산을 담당하기에 아마도 코끼리 수명에 영향을 주리라 생각한다.

잘 알려진 코끼리 장수 유전자 TP53은 진화적으로 다른 동물보다 많이 발현되며 아프리카 코끼리는 발현 증거가 있는 19개의 추가 TP53 유사 유전자(TP53RTG1-19) 사본을 가지고 있다. 이러한 유사 유전자는 암 발생을 낮춘다고 한다. TP53은 스트레스 반응, 노화, 세포 주기 조절, 인슐린 항상성 및 세포 대사를 포함한 여러 생물학적 과정에 참여하기에, TP53의 광범위한 기능과 세포 대사의 역할 덕분에 p53이 많은 유전자가 코끼리 대사, 수명 연장, 체온 조절 및 서식지 적응에 역할을 한다는 가설은 그럴듯하게 여겨진다.

제4장

노화 이론

2030년에는 미국인 5명 중 1명이 65세 이상으로, 고령화가 미래의 의사들에게 큰 도전이 될 것이라 추측한다. 이에 따라 연령과 관련된 질병은 유병률과 사망률의 불균형적인 부담을 가중시키리라 짐작한다. 대부분의 임상의들은 수명이 연장되면 알츠하이머병 등의 발병률이 높아질 것으로 예상하지만, 과학자들은 단순한 생명체에서 노화를 늦추는 돌연변이가 노화 관련 질병을 지연시킨다는 사실을 발견했다. 이는 노화 과정을 이해하면 알츠하이머병, 심부전, 골관절염, 뇌졸중과 같은 노화 관련 질병을 지연시키거나 피할 수 있는 치료법을 개발할 수 있다는 뜻이기도 하다. 그러나 노화와 관련된 이론이 300개가 넘음에도 노화를 완벽하게 설명하는 단일 이론은 없다. 노화에 대한 하나의 설명을 찾으면 좋겠지만 대부분의 전문가들은 노화가 복잡하고 다인자적인 과정이라고 생각한다. 또한 여러 노화 이론이 상호 배타적인 것도 아니어서 여러 과정이 함께 작용해 인간이 노화하는 것이라 생각할 수 있다. 또한 일부 기작은 개인마다 그 정도가 다를 수 있다. 이에 제4장에서는 노화 원인과 메커니즘에 대한 몇 가지 일반적인 이론과 모델을 살펴봄으로써 현재의 노화 이론을 조금이나마 이해하고, 더 나아가 수명 연장 요법 및 노화를 늦추는 전략을 연구해 노화에 현명하게 대처해 보려고 한다.

노화의 원인에 대한 이론은 일반적으로 유전적인 것과 확률론적인 것 중 하나로 분류된다. 유전적 이론(또는 프로그램 이론)은 노화가 유전적으로 결정되며 생명체에는 장수를 프로그래밍하는 내부 시계가 있다고 가정한다. 확률론적 이론은 손상 이론이라고도 불리는데, 이는 우연한 오류와 시간이 흐르면서 누적된 손상이 노화를 유발한다고 본다. 확률론적 이론에는 마모, 오류 재앙, 자유 라디칼 이론, DNA 손상 가설, 적응 세포 메커니즘의 상실, 미토콘드리아 이론이 포함된다.

1. 유전적 이론

노화에 영향을 미치는 유전적 요인과 비유전적 요인은 아직 불확실하지만 유전자가 장수에 기여하는 것은 의심할 여지가 없다. 쌍둥이에 대한 연구에 따르면 유전자가 노화의 약 20~30%에 영향을 준다고 추정하지만, 유전자가 이러한 변동성을 어떻게 설명하는지는 아직 명확하지 않다. 유전적 이론에 따르면 내부 생물학적 시계

그림 7. 성장 프로그램 및 노화 프로그램

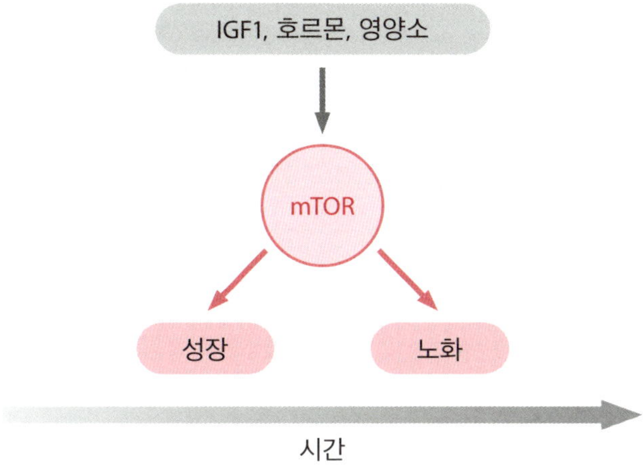

mTOR 경로는 성장 인자, 호르몬 및 영양소에 의해 활성화되며, 이것은 성장과 근육을 자극해 생애 초기에 이점을 준다. 하지만 시간이 흐르면서 mTOR 경로는 노화에 관련된다. 즉 생애 초기의 강건함은 노화 가속화와 관련이 있다. 아마도 이것이 여자가 남자보다 오래 사는 이유 중 하나일 것이다.

가 유전자를 순차적으로 켜고 끔으로써 발달, 성장, 성숙, 노화를 조절한다. 유전적 이론을 지지하는 사람들은 기대 수명이 크게 증가했음에도 인간의 최대 수명은 변하지 않았다고 주장한다. 유전자가 장수에 중요한 역할을 한다는 것은 분명하며, 과학자들은 다양한 모델 생명체에서 수명에 영향을 미치는 몇 가지 유전자 변이를 확인했다. 일례로 선충에서 수명을 2배로 늘리는 유전자 돌연변이는 유전자가 노화와 장수에 영향을 미친다는 분명한 증거를 제공한다. 그러나 노화의 유전적 조절은 다인자적이며 노화를 완전히 제어하는 단일 유전자는 아직 밝히지 못했다. 과학자들은 '노화 유전자'가 생화학적 대사 경로를 늦추거나 중단시킴으로써 그 효과를 발휘한다고 가정하면서, 노화 과정에 중요하게 떠오르는 대사 경로에 IIS와 mTOR 경로 표적이 있지만(그림 7) 이 경로가 어떻게 노화를 제어하는지 메커니즘은 아직 명확하지 않다고 말한다. 한 가지 분명한 사실은 mTOR의 과잉 활성화는 생애 초기에 근육 비대, 높은 수준의 테스토스테론 및 높은 정자 생성 등의 이점을 제공하나 결국 노화가 가속화되는 대가를 치를 수밖에 없다는 것이다. 일례로 GH가 과발현된 생쥐는 IGF1 수치와 성체 크기가 증가하지만, 수명과 생식 수명이 감소한다.

적응 히치하이크 모델

수명 연장에 기여하는 여러 유전적 적응 모델들이 알려져 있지만, 집단 유전학에서는 유전적 변화가 장기적인 진화 과정에서 적합성을 증가시키지 않는다면 수명 연장에 기여하기는 어렵다고 본다. 그럼에도 우리는 여러 환경 요인이 이러한 변화를 유지하도록 작용해 생물체의 수명이 길어진다고 생각한다. 많은 학자가 수명 연장이 그 자체로 선택에 의한 것이 아니라 종들이 살아가는 데 필요한 적응의 부산물이라고 생각하며 이 현상을 '적응 히치하이크 모델(Hitchhiking model)'이라고 부른다.

히치하이크 모델은 수명 연장과 관련된 강력한 효과를 지닌 새로운 돌연변이가 다른 형질에 유리하기에 자연선택에 의해 선호되어 고정될 수 있음을 의미한다. 감수분열 과정에서는 염색체에 교차(crossing over)가 발생하는데, 이 모델은 교차 과정에서 대립 유전자 부위와 밀접하게(또는 기능적으로) 연결된 부위에서 새로운 수명 연장에 관련된 돌연변이가 발생할 수 있다고 본다. 적응 유전체 영역과 연결된 부위에서 이러한 돌연변이가 발생하면, 자연선택이 대립 유전자 빈도를 증가시키고 연결된 대립 유전자를 통해 장수 돌연변이가 고정될 수 있다고 생각한다. 따라서 적응 히치하이크 모델은 적응 및 적합성과 관련된 게놈 영역에 작용하는 선택적 제약이 무작위가 아닌 유익한 수명 연장 효과의 주된 원인임을 시사한다. 예를 들어 앞서 살펴봤던 티베트인에게 고도 적응에 대한 유전자와 가까운 인접 유전자를 가로지르는 선택적 교차 패턴이 보고되었으며, 같은 티베트인에게 저산소증 반응과 장수 사이의 추가 연관성이 발견되기도 했다. 장수를 담당하는 중립 대립 유전자가 선택 중인 다른 대립 유전자와 충분히 가까우면 재조합 가능성이 희박하고 함께 집단에 고정될 것이다.

이 모델은 다음과 같이 요약할 수 있다. 첫째, 일부 환경에 적응하면서 진화된 유전자 변화는 적응 효과와 장수 효과라는 이중 기능을 가질 수 있다. 둘째, 장수에 유리한 돌연변이는 선택 대상이 될 수 있으며 직접 선택이나 연결 및 대립 유전자 연결을 통해 고정될 수 있다. 셋째, 장수에 유익한 돌연변이가 고정될 수 있는 것과 마찬가지로, 노화(친노화) 돌연변이도 고정되어 수명을 단축시킬 수도 있다. 넷째, 환경 스트레스가 줄어드는 경우 장수 효과가 사라질 수 있다. 이 모델의 참신함은 뉴클레오티드 치환과 이중 기능을 가진 유전자에 핵심 역할을 부여한다는 것이다. 장수를 촉진하는 적응적 뉴클레오티드 치환의 기능에 대한 평가와 검증은 농불 수명의 진화를 둘러싸고 수세기 동안 이어진 질문에 해답을 제공할 수도 있다.

돌연변이 축적 이론

노화에 대한 돌연변이 축적 이론은 1952년 런던 대학교의 동물학자인 피터 메더워(Peter Medawa)가 생물학적 노화와 그에 수반되는 체력 저하를 진화론적으로 설명하기 위해 처음 제안했다. 메더워는 이 과정을 '노화(Senescence)'라고 부르며, 대부분의 야생동물이 노령에 이르기 훨씬 전에 포식자, 질병 또는 사고사 등 환경에 의해 죽는다는 것을 알아냈다. 생식 연령을 넘어서 살 경우 자손 수에 대해 이점이 제한적이기에, 자연선택은 생애 초기에 발현되는 해로운 돌연변이를 제거하도록 선택하지만 노년기에 해로운 영향을 미치는 돌연변이를 제거하려는 진화적 압력은 거의 없다고 주장했다. 예를 들어 어떤 동물의 형질이 사춘기 이전에 치명적인 경향이 있다면, 그 형질을 가진 대부분의 동물은 자손을 낳기 전에 죽기에 그 형질은 매우 강력하게 도태될 것이다. 따라서 후손에게 불리한 형질을 물려줄 기회도 없을 것이다. 반면 동물이 성적으로 성숙해 적어도 한 번의 짝짓기 시즌까지 살아남아 짝짓기를 하며, 새끼를 낳고, 그 새끼가 자립할 수 있을 만큼 오랫동안 양육하고 보호한 후에야 치명적인 영향을 미치는 형질을 가지고 있다면(새끼를 양육하고 보호하는 동물이라고 가정할 때), 그 형질이 삶에 미치는 영향은 상대적으로 미미하다는 의미일 것이다. 그 부정적인 형질은 동물이 더 오래 생존해 후손을 낳을 수 있는 능력에만 영향을 미칠 것이다. 이러한 돌연변이는 삶에 대한 영향력이 약해 도태되지 못하고 시간이 지나면서 유전적 표류로 인해 축적되어 현재 '노화'라고 불리는 진화로 이어진 것이다.

길항성 다형성 이론

1957년 미국 미시간 대학교의 윌리엄스 교수는 길항성 다형성 개념을 도입했다. 이는 일부 유전자가 2가지 이상의 효과(다형성)를 가지며, 일부 효과는 초기 생존에 도움이 되지만 나중에 해를 끼칠 수 있다고 보았다(길항성). 이러한 유전자가 노년기에 해를 끼치기는 해도 초기 생존에 이점을 제공하기 때문에 자연선택의 힘을 피할 수 있다고 알려져 있다. 예를 들어 산화 과정을 강화하는 유전자는 생명체를 노화시키는 ROS를 생성할 수 있지만, 포식자를 피할 수 있도록 근육의 효율성을 높여 젊었을 때 생존 이점을 제공한다. 또 다른 예로, 수컷의 높은 테스토스테론 수치는 죽상 동맥 경화증의 위험을 증가시켜 수컷의 수명을 단축할 수 있지만 높은 공격성과 힘을 통해 수컷이 지배하고 짝짓기를 더 자주 할 수 있게 해준다.

또한 길항성 다형성은 세포분열의 헤이플릭 한계를 설명할 수도 있다. 생애 초기에 세포분열을 제한하면 종양 성장을 억제할 수 있지만, 노년기에는 세포 노화의 대가를 치른다는 점이 그것이다. 사실상 헤이플릭 한계는 노화를 대가로 젊은 시절의 종양 보호에 대한 진화적 절충안일 수도 있다. 길항성 다형성은 헌팅턴병(HD) 유전자와 같은 해로운 유전자가 유전자 풀에 남아 있는 이유도 설명할 수 있는데, HD 유전자는 생애 초기에 자연선택에 유리한 긍정적 효과를 발휘하는 반면, 생식기가 끝난 후에는 해로운 영향을 미친다. 결국 생애 초기의 긍정적 효과 덕분에 유전자가 자연선택을 피할 수 있게 한다.

돌연변이 축적 이론과 길항성 다형성 이론은 서로 비슷하지만 차이점도 있다. 돌연변이 축적 이론에서는 해로운 유전자가 세대를 거쳐 수동적으로 축적되지만, 길항성 다형성 이론에서는 노화와 관련된 유전자가 초기에 긍정적인 영향을 미치고 유전자 풀에 적극적으로 유지된다. 그러나 이 두 이론은 상호 배타적이지 않으며, 모두 노화의 원인에 기여할 수 있다고 알려져 있다.

체세포 이론

1977년 영국의 과학자 토마스 커크우드(Thomas Kirkwood) 박사는 노화에 대한 '일회용 체세포 이론'을 제안했다. 일회용 체세포 이론에 따르면 생명체는 체세포의 수리 및 유지에 필요한 자원과 성공적인 번식에 필요한 자원 간의 균형을 유지한다. 자원은 무한하지 않기에 생명체는 체세포를 수리하고 유지하는 대신 초기 생존과 번식을 지원하는 데 우선적으로 자원을 투입해야 한다. 본질적으로 생명체는 종족을 영속시켜야 하며 번식 후에는 체세포에 누적된 손상과 불완전한 복구로 인해 질병과 환경 스트레스에 더 취약해지므로 결국 노화한다는 것이다. 초파리 연구에 따르면 생식 세포주를 파괴하면 수명이 연장된다는 사실은 일회용 체세포 개념을 뒷받침하는 몇 가지 과학적 증거를 제공한다.

2. 확률론적 노화 이론

확률론적 노화 이론(Stochastic theories of aging)에 따르면 노화는 시간이 흐를수록 누적되는 피할 수 없는 작은 무작위 변화와 신체 복구 메커니즘이 손상을 해결하지 못한 결과이다. 결국 누적된 손상은 세포와 조직의 손상으로 이어져 노화와 관련된 장기 기능 저하의 원인이 된다고 한다. 바이스만(August Weismann) 박사는 생명체를 시간, 사용, 사고, 질병 및 기타 위험으로 인한 손상으로 '마모'되는 기계에 비유하는 '마모(wear and tear) 이론'을 통해 누적된 손상 개념을 처음 도입했다. 마모의 일반적인 예로는 나이가 들면서 완충 작용을 하는 관절 연골의 탄력이 떨어져 관절에 관절염성 변화가 생기는 골관절염이 있다. 나이가 들고 사용할수록 상아질이 마모되는 치아 노화도 또 다른 예이다. 그러나 기계와 달리 생명체는 손상을 복구할 수 있는데, 마모 이론은 생명체의 손상 복구 능력을 간과한다. 마모 이론에 반대하는 또 다른 주장에 의하면 보호받는 환경에서 살아가는 동물도 최대 수명이 늘어나지 않고 노화한다.

자유 라디칼 노화 이론(Free radical theory of aging, FRTA)

자유 라디칼 노화 이론은 가장 널리 알려진 노화 이론 중 하나로 많은 노화 방지 제품 및 노화 방지 연구의 기초를 이룬다. 자유 라디칼(FR)은 유기 분자에 파괴적인 방식으로 반응하는 반응성이 높은 분자인데, 인체에서 가장 많이 발견되는 ROS는 정상적인 신진대사의 부산물이나 외부에서 발생하기도 한다. 1950년대에 네브라스카 주립대학교의 하먼(Harman) 박사에 의해 처음 제안된 FRTA는 노화가 ROS에 의한 지질, DNA, 단백질 및 조직에 대한 산화적 손상의 축적에서 비롯됐다는 가설을 세웠다. 또한 1970년대 초, 과학자들은 미토콘드리아가 대부분의 FR을 생성한다는 사실을 인식하고, 전자 수송 사슬 효소에 대한 손상이 생리적 쇠퇴를 유발한다고 했다. 미토콘드리아에는 DNA 복구 효소가 부족해 미토콘드리아 DNA가 손상에 더 취약한데, 손상된 미토콘드리아는 ROS를 생성하기 쉬워 돌연변이와 FR 형성이라는 악순환을 일으켜 세포 손상과 노화를 증가시킨다는 것이다. 하지만 이 가설은 새와 박쥐에게는 적용되지 않는다. 새와 박쥐가 비슷한 크기의 포유류보다 대사율이 2배 정도 더 높음에도 빠른 노화의 징후를 보이지 않으며, 심지어 최대 수명은 사육장에서 사육되는 비슷한 크기의 포유류의 3배에 달한다. 새는 높은 신진대사에서 비롯되는 해로운 영향으로부터 스스로를 보호하는 메커니즘을 진화시킨 것으로 보이는데, ROS 및 기타 FR은 의심할 여지없이 손상과 산화 스트레스를 유발하지만 그 자체만으로는 노화를 유발한다고 보기는 어렵다. 그럼에도 산화적 손상이 전반적인 노화 진행에 기여한다고 가정하는 것이 합리적이라고 생각한다. 그러나 미토콘드리아에 관련된 노화 이론에 반대하는 사람들은 ROS가 세포 간 대사의 정상 산물로 세포 건강에 필수 역할을 한다고 지적한다. 한편 관상동맥 심장 질환에 대한 프레이밍햄 장수 연구(Framingham Longevity Study)에 따르면 장수는 부성보다 모성의 사망 연령과 더 밀접한 관련이 있다고 나타나 모계 유전인 미토콘드리아 DNA가 장수와 관련이 있음을 시사하기도 한다.

슈퍼옥사이드 디스뮤타아제와 같은 효소는 ROS를 물과 산소로 전환하는 반응을 촉매해 ROS를 중화할 수 있다. 비타민A 및 비타민C와 같은 비효소성 항산화제와 식품에서 자연적으로 발생하는 플라보노이드 및 카로티노이드와 같은 식물성 화학물질도 ROS를 중화한다. ROS가 노화를 촉진한다는 생각은 ROS 형성을 제한하는 개입이 노화를 늦출 수 있음을 의미하지만, 이 과정이 모든 유기체의 노화에 기여한다는 것은 분명하지 않다. 놀랍게도 일부 동물에서는 슈퍼옥사이드 디스뮤타아제에 악영향을 미치는 유전적 돌연변이가 오히려 수명을 증가시키는 것으로 나타났다. 마찬가지로 항산화제를 보충하면 FR 손상을 줄일 수 있다는 이론적 이점에도 불구하고 항산화 요법의 이점을 입증하는 증거는 거의 없다. 현재 일반적으로 인정되는 유일한 항산화 요법은 황반변성에 대한 항산화 요법이다. 흡연은 ROS를 생성하기에 연구자들은 담배가 ROS 손상에 따라 폐암을 유발한다고 추측한 후 항산화제 베타카로틴이 흡연자의 암 위험을 낮추는지 테스트하기 위해 임상시험을 개발했다. 하지만 베타카로틴을 투여한 그룹에서 대조군보다 훨씬 더 많은 암이 발생했기에 연구자들은 무작위 시험을 조기 중단했다. 이처럼 노화를 늦추려면 불균형한 항산화제보다는 산화제, 항산화제 및 생체 분자를 이상적인 균형으로 맞추는 게 필요할 수 있다. 관련 이론으로는 DNA 손상 가설이 있는데, 불완전하게 복구된 FR로 인한 손상이 유전자 발현을 변화시키고 세포 기능을 손상시킨다는 이론이다. 이 이론을 뒷받침하는 증거에는 DNA 복구 능력과 수명 및 조기 노화, DNA 복구 능력을 손상시키는 유전적 돌연변이와 관련된 연구가 있다.

3. 에너지 제한과 수명 이론

생체 속도 이론에 따르면 생명체가 일생 동안 소모할 수 있는 칼로리는 한정적이며 에너지 소비는 수명에 반비례한다고 한다. 종을 비교할 때 생쥐처럼 심박수가 빨라 산소를 더 빠르게 대사하는 작은 포유류는 일반적으로 산소를 더 천천히 소비하는 동물보다 수명이 짧다. 일부 곤충, 선충류, 어류는 서식지의 온도가 높아지면 수명이 증가하고 체온을 유지하기 위한 에너지 소비가 줄어드는 것으로 나타났다. 단세포 효모부터 설치류와 같은 포유류에 이르기까지 다양한 생명체에서 에너지 소비와 수명의 연관성으로 칼로리 제한이 수명을 연장하는 이유를 설명할 수 있는 것이다. 일부 동물의 경우 칼로리를 3분의 1로 줄였을 때 수명이 40% 늘었는데, 이와 관련해 제안된 메커니즘으로는 IIS 경로의 하향 조절과 시르투인 및 mTOR 경로의 활성화가 있다. 시르투인 유전자는 모든 종에 존재하며 신진대사를 조절하는 데 도움을 준다. MIT의 과학자들은 효모에 시르투인 유전자를 추가로 삽입할 경우, 아직 그 메커니즘은 확실히 밝혀지지 않았으나 수명이 연장된다는 사실을 발견했다. 또한 포도와 견과류에 자연 발생하는 레스베라트롤은 시르투인 경로를 활성화해 노화된 생쥐의 건강을 개선하는 것으로 보인다.

mTOR 경로는 라파마이신의 포유류 표적에 대한 약어로, 면역 체계를 억제하고 암을 치료하며 심장 수술 후 재협착을 예방하는 데 사용되는 마크롤라이드(Macrolide) 약물인 라파마이신이 여러 동물 모델에서 수명을 증가시킨다고 알려져 있다. 이름에서 알 수 있듯이 라파마이신은 TOR 키나아제를 억제하지만 아쉽게도 고혈당증, 이상지질혈증, 면역 억제, 혈관 경련, 신부전 등 라파마이신의 부작용으로 인해 사람에게는 사용이 제한된다. 에너지 감소가 수명을 연장한다는 데이터는 일부 영장류종에서는 설득력이 떨어질뿐더러 칼로리 제한이 수명을 늘리지도 않는다. 대부분의 사람들이 수명을 연장하는 데 필요한 30~40%의 칼로리 감소가 지속하기 어렵다는 것을 알고 있음에도 여전히 칼로리 제한을 더 오래 살 수 있는 수단으로 홍보하는 문헌이 많다. 일부 환자는 실제로 칼로리 제한을 시도한다. 그러나 칼로리 제한에는 신중한 계획과 적절한 환자 상담이 필요하다. 장기적인 칼로리 제한과 관련해서는 골다공증 위험 증가, 피로, 근육량 감소 등의 부작용이 있다.

4. 가교 이론

가교 이론(Cross-linking theory of aging)은 포도당이 단백질과 결합해 생물학적 기능을 손상시키기 때문에 노화가 발생한다고 가정한다. 단백질 가교는 결합 조직 경화, 심장 비대, 신장 장애와 관련이 있으며 DNA와 결합한 당은 복제 오류를 일으켜 기형 세포를 만들고 암 발생 위험을 증가시킬 수 있다. 일부 내분비학자들은 당뇨를 가속화된 노화 과정으로 보며, 당뇨 환자는 동일한 연령의 건강한 대조군과 비교했을 때 가교 단백질이 2~3배 더 많다고 지적하기도 한다.

★ 노화 과정을 이해하려는 시도에도 불구하고 단일 유전자나 생화학 시스템의 쇠퇴로 노화의 모든 측면을 설명할 수는 없다. 현재 대부분의 연구자들은 노화를 여러 과정이 복합적으로 작용하는 복잡한 다인자 과정으로 본다. 동물 모델의 실험 데이터는 노화 과정을 바꿀 수 있음을 증거하지만, 현재까지 인간의 노화 과정을 늦추거나 멈추거나 되돌릴 수 있는 정확한 방법은 알려지지 않았다. 실제로 연구자들은 항산화제 보충제와 같은 일부 치료법이 인간의 수명 연장에 도움을 주지만 해로울 수도 있다는 사실을 발견했고, 여전히 많은 환자가 인터넷이나 새로운 연구에서 발견한 치료법에 대해 주치의에게 조언을 구하기도 한다. 과학은 자연계를 설명하기 위해 이론을 사용하며, 노화 이론에 대한 이해는 주치의가 새로운 정보를 평가하고 환자와 노화 치료법을 논의하는 데 유용한 배경을 제공할 수 있을 것이다.

예외적으로 장수하는 포유류와 다른 척추동물은 수백만 년에 걸쳐 장수 특징을 획득했을 수 있다. 그들은 부수적으로 장수를 촉진하는 적응 메커니즘을 통해 생태적 제약을 독립적으로 극복했다. 생명체에서 관찰되는 노화 과정과 수명의 패턴은 매우 다양하며 주로 주어진 환경에서 종 게놈에 작용하는 자연선택의 힘에 의해 유지된다고 볼 수 있다. 적응 진화는 게놈의 무작위 돌연변이에 의존하는 비무작위 과정인데, 이것은 단명종의 적합성 또는 적응성과 양립할 수 없는 수명 연장을 유도하는 적합한 유전적 변이의 중요성을 설명할 수 있다. 히치하이크 모델은 자연선택에 의한 동물 적응을 중심에 둔 접근 방식으로, 적응형 히치하이크 모델이 대상종의 수명 연장을 유도하는 자연선택하에서 게놈 요소를 식별하는 많은 연구를 내놓으리라 기대하고 있다.

제5장
대표적인 장수 동물의 유전자

수명과 관련된 유전자 연구는 여러 방법으로 진행되어 왔으며, 지금도 많은 과학자에 의해 연구 중이다. 수명과 장수에 관한 유전자 연구는 여러 방식으로 연구할 수 있다. 유전체 연구와 대규모 코호트 연구를 통해 여러 유전자와 수명 간의 연관성을 조사하기도 하고, 수명에 관련된 중요한 유전자와 그 기능을 동물실험에서 찾기도 한다. 유전체 연구는 수천 명 이상의 유전체를 분석해 수명과 연관된 유전자 변이를 발견한 후 동물 모델, 세포 모델, 유전자 조작 기술 등을 통해 유전자와 수명 간 상관관계를 연구하기도 한다.

수명을 결정한다고 잘 알려진 유전자 중 일부는 세포 노화와 관련이 있다. 세포 노화는 세포가 점차 늙어가며 기능이 감소하는 현상을 말한다. 세포 노화는 생물의 건강과 수명에 직접적인 영향을 미치는데, 유전적 노화 이론에 따르면 수명은 우리가 물려받은 유전자에 의해 크게 결정된다고 한다. 또한 인간의 수명은 대부분

수태 순간에 결정되며 부모와 부모의 유전자에 크게 의존한다고 한다. 세포 노화를 조절하는 데 관여하는 유전자에 대해서는 많이 알려져 있지만 이 책에서는 몇 가지 중요한 유전자들에 대해서만 알아보기로 하겠다.

1. 텔로머레이즈

텔로머레이즈(Telomerase) 유전자는 텔로미어라는 DNA의 끝부분을 유지하고 보호하는 역할을 하는 효소를 생성한다. 텔로미어 길이가 짧아지면 세포 노화가 가속화되며, 이는 수명을 단축시킬 수 있다. 많은 연구자가 텔로머레이즈는 노화 세포보다 젊은 세포에서 더 활성화된다는 가능성을 열어 두고 텔로머레이즈를 활성화시키는 물질을 찾아 연구하고 있다. 텔로미어는 임계 최소 크기(threshold)를 가지며, 이에 도달하면 세포분열 주기와 세포 노화 과정이 유도된다. 다양한 동물 그룹에서 노화에 따라 텔로미어가 짧아진다고 보고되었고, 노화와 텔로미어 단축 사이의 관계는 주로 척추동물(예: 포유류, 어류, 조류)에서 입증되었다. 고양이와 설치류가 그 예이다. 그러나 일부 척추동물(예: 새, 오션드로마 류코로아(*Oceanodroma leucorhoa*)) 또는 물비단뱀(*Liasis fuscus*)의 경우, 개체의 나이와 텔로미어 길이 사이의 관계가 밝혀지지 않았다. 이는 아마 산화 손상 감소 또는 호르몬, 특히 에스트로겐에 자극받은 텔로머레이즈 활성 때문일 것이라 추측된다.

인간 백혈구에 대한 연구에서 텔로미어의 길이가 짧아지는 것과 모든 사망 원인 사이의 상관관계가 입증되었다. 그러나 다른 연구에서는 단순히 텔로미어 길이만으로는 사망을 예측할 수 없으며 질병의 진행이나 유전자형에 따라 달라질 수 있다고 본다. 예를 들어 인간의 경우 세르핀(Serpin Family E Member, SERPINE)을 포함한 일부 유전자의 이형접합(Anisogamy, 異形接合)[1] 유전자형은 더 긴 텔로미어, 더 긴 수명(평균 7년 이상), 더 나은 심혈관 기능, 더 낮은 공복 인슐린 수치, 더 낮은 당뇨 발병률과 관련이 있다는 사실이 밝혀졌다. 텔로머레이즈 소실, 텔로머레이즈 활동 감소, 노화 사이의 상관관계는 종종 보고되지만, 이것을 동물계 전체에 일반화할 수는 없는 것으로 보인다.

2. FOXO3

대사 활동과 관련된 유전자도 수명에 영향을 줄 수 있다. 대사 활동은 에너지 생산, 영양소 흡수 및 대사, 독성 물질 제거 등을 포함한 생체 활동을 의미하는데, 대사 활동을 조절하는 유전자 중 하나는 FOXO(Forkhead Transcription Factors of the O class) 유전자이다. FOXO 단백질은 일반적으로 많은 세포에서 발현되는 전사인자로,

1 이형접합은 유성생식에서 생식세포의 크기가 암수에 따라 다르게 접합하는 것을 말한다.

5′-TTGTTTAC-3′ 서열을 포함하는 프로모터를 인식하면서 유전자 전사를 활성화한다. FOXO는 여러 상류 신호 경로를 통합해 조직 항상성을 유지하고 산화 스트레스, 대사 스트레스, 성장 인자 결핍과 같은 환경 변화의 부작용에 대응하는 데 도움을 준다. FOXO의 전사 표적에는 세포 주기 정지, 산화 저항성, 세포 사멸, 자가포식, DNA 손상 복구, 에너지 대사에 관여하는 유전자가 포함된다. 이렇듯 FOXO 유전자는 정상 생리학의 필수 요소라기보다는 주로 스트레스에 대응하는 생물학적 역할을 가지고 있다.

인간의 경우 FOXO 계열은 FOXO1, FOXO3, FOXO4 및 FOXO6으로 구성되고, 이 중 FOXO3은 암, 심혈관 질환, 추간판(IVD) 퇴행, 신경 퇴행성 질환 등 다양한 노화 관련 질환과 연관이 있다고 알려져 있다. 늙은 생쥐에서 FOXO3의 발현 감소는 항염증 반응에 부정적인 영향을 미치며, 이 단백질의 녹아웃은 장 신경계의 조기 노화를 유도한다고 알려져 있다. 또한 FOXO3은 골격근 줄기세포 유지 및 단백질 분해조절을 통해 근육의 노화를 막거나 생물학적 과정의 미세한 균형을 조절하기도 한다. FOXO3 다형성은 인간의 극단적인 수명과 관련이 있고, 흥미롭게도 인간 FOXO3에서 장수와 관련된 단일염기다형성(SNP)은 장수한 사람들의 심혈관 질환 유병률(morbidity rate)이 평균보다 낮은 것과 상관관계가 있다고 알려져 있다. 또한 새로운 증거에 따르면 FOXO3은 혈관 노화에 중요한 역할을 하며, FOXO3 비활성화가 혈관 질환을 일으킬 수 있다고 나타났다. 실험 연구에서 FOXO3으로 조작된 인간 ESC(Embryonic Stem Cells) 유래 혈관 세포는 혈관 항상성을 개선하고 혈관 노화를 지연시킨다고 알려졌다.

3. 인터루킨-6

면역 시스템을 조절하는 유전자 중에 인터루킨-6(IL-6)이 있다. IL-6은 면역 조절과 염증 반응에 관여하며, 수명과 관련된 질병 발생 가능성을 조절한다. IL-6은 사이토카인, 즉 주로 면역계 세포와 상호작용하고 소통하기 위해 분비하는 신호 분자이기에 면역 반응에서 중요한 역할을 한다. 연구에 따르면 IL-6은 염증 유발 경로와 항염증 경로의 교차점에 위치하므로 IL-6 수치를 균형 있게 유지하는 것이 매우 중요하다. 또한 IL-6 수치가 낮으면 면역 기능이 손상되고 감염에 더 취약해질 수 있다고 한다. 반면 IL-6 수치가 높으면 만성 염증 및 염증성 질환에 걸릴 확률이 높다. 감염이나 염증이 없는 경우, IL-6의 활성은 낮으며 일반적으로 혈액에서 IL-6 수치가 검출되지 않는다. 그러나 과학자들은 나이가 들수록 IL-6 활성과 혈중 IL-6 수치가 점차 증가한다는 사실을 발견했다. 노화와 관련된 IL-6의 증가는 만성 염증과 관련될 수 있으며, 이는 노화와 함께 올 수 있는 신체적·정신적 쇠퇴에 기여할 수 있다는 연구 결과도 있다.

4. 시르투인1

시르투인은 니코틴아마이드 아데닌 다이뉴클레오티드(NAD⁺) 의존성 탈아세틸화 효소 계열로, 진화 과정에서 고도로 보존되어 왔다. 시르투인 계열에는 시르투인1-7(SIRT1-7)의 7가지가 포함된다. 이것들은 신진대사, 미토콘드리아 항상성, 자가포식, DNA 복구, 세포 사멸, 산화/항산화 균형 및 노화 등 다양한 세포 과정을 조절하는 데 중요한 역할을 한다. 인간에게 시르투인1(SIRT1)은 대사 장애, 세포 노화, 심장 노화, 산화 스트레스, 신경 퇴화, 염증 신호 및 태반 세포 생존에 이르는 노화 관련 질병과 관련된 다양한 생물학적 과정에서 보호 역할을 하며, 노화를 개선하고 인간의 기대 수명에 영향을 미친다고 알려져 있다. 또한 간, 심장, 신장, 뇌, 폐를 포함한 동물 및 인간 조직에서 나이가 들수록 SIRT1 발현은 감소한다고 알려져 있는데, 마찬가지로 시험관 및 생체 내 다양한 연구에 따르면 노화 혈관 조직에서 SIRT1 발현이 현저하게 줄어들었다. 또한 내피세포, 혈관 평활근 세포 및 대식세포에서 SIRT1이 결핍되면 혈관 노화가 가속화된다고 보고되었다.

반면 SIRT1 활성화제인 레스베라트롤로 전처리하면 C2C12 근아세포에서 ROS 수치가 눈에 띄게 감소하고 세포 사멸이 억제되며 세포 생존이 촉진된다고 한다. SIRT1의 과발현은 세포 증식을 촉진하며 세포 사멸을 억제하는 역할을 하고, 생쥐의 경우 뇌에서 과발현 시 수명을 연장시킬 수 있다. SIRT1의 활성화는 자외선에 의한 인간 피부 섬유아세포의 노화도 억제한다고 나타난다. SIRT1은 노화 관련 질환, 특히 심혈관 질환, 당뇨, 신경 퇴행성 질환의 예방 및 치료를 위한 장수 조절자 역할과 치료 가능성으로 큰 관심을 받고 있다.

만성적이고 낮은 수준의 염증은 인간의 노화를 특징짓는 요소인데, 그중 대기 오염은 공유된 염증 경로를 통해 동맥과 뇌의 노화를 포함한 퇴행성 질환의 발병에 관여한다. 생물학적으로 SIRT1은 NF-κB 및 NLRP3과 같은 염증 유전자를 조절할 수 있으며 노화 관련 증상 및 병리의 발병을 지연시킬 수 있다. 현재까지 상당수의 관찰 연구에서 SIRT1 유전자 내 단일염기다형성(Single nucleotide polymorphism)인 rs7896005, rs12778366, rs4746720 위치에서 인간 집단의 장기 생존 및 수명과 관련이 있다는 사실이 밝혀졌다. 이러한 결과는 인구 규모가 작거나 단면 코호트 연구 설계에서 비롯된 것이기에 심도 있는 연구가 필요하다.

5. GDF-15

노화 분야에서 GDF-15(NAG-1, NSAID activated gene-1)는 최근에 큰 관심을 받는 단백질이다. 1998년 우리 연구실에서 처음으로 클로닝한 GDF-15는 아스피린과 같은 NSAID(Nonsteroidal anti-inflammatory Drug)에 의해 유도되는 항염증 단백질로 확인되었다. 더불어 연구를 통해 NAG-1이 과발현되는 쥐에게서 수명이 연장되는 점과 대장암, 폐암과 같은 암에 저항성을 보인다는 점이 밝혀졌다. NAG-1은 나이와 밀접한 관련이 있는 단백질로 나이가 들수록 혈액 속에 증가한다고 알려져 있다. 후속 연구에 따르면 GDF-15는 연령과 성별을 조정한 후에도 여러 질환과 가장 밀접하게 연관된 단백질로 나타났다. 이를 뒷받침하듯 최근 노년층에서 GDF-15 수치와 노화 표현형 가속화 사이의 강력한 연관성을 설명하면서 허약한 개인은 동일한 연령의 건강한 개인에 비해 GDF-15 수치가 평균 약 60% 증가했다고 발표했다. 이 발견은 혈장 내 GDF-15 수치가 노쇠와 관련이 있다는 이전 보고서를 뒷받침한다. 관련해서는 추가 연구가 필요하지만 GDF-15가 지닌 생물학적 노화의 잠재적 예후 인자로서의 가능성을 시사한다.

또한 GDF-15가 혈장 안에서 최소 2가지(Mature GDF-15와 Pro-GDF-15) 다른 형태로 존재하는데, 어떤 형태의 GDF-15가 노화에 직접적으로 영향을 미치는가에 대해서는 더 많은 연구가 필요하다. 이러한 최근의 발견은 노화에 대한 GDF-15의 잠재적 중요성을 강조하지만, 노화에 대한 GDF-15의 실제 분자적 기여는 현재 잘 알려지지 않았다.

6. FGF23/클로토

FGF23/클로토(Klotho)는 생쥐에게서 결핍되면 노화가 가속화되고 수명이 극적으로 단축되는 표현형이 나타난다는 점에서 많은 주목을 받아 왔다. 반면 클로토 유전자가 과발현된 쥐는 건강 수명과 수명 모두 30%나 연장되었다.

또한 클로토 결핍이 여러 노화와 관련된 질병과 상관관계가 있을 뿐만 아니라 클로토가 모델 생물과 인간 모두의 이환 기간을 단축하고 수명을 연장할 수 있다는 많은 후속 보고서를 통해 클로토의 기능에 대한 신빙성을 입증받았다. 이는 클로토가 장기 시스템의 통합자로 기능해 생물학적 노화에 대한 이해를 넓히는 데 유망한 도구이자 중재 연구의 흥미로운 대상이 될 수 있음을 시사한다. 최근 연구에서는 노인의 허약함을 예측할 수 있는 유망한 바이오마커로 권장되는 패널에 클로토가 포함되었다. 그런 점에서 클로토가 건강한 노화를 위한 바이오마커로 떠오르는 것은 놀라운 일이 아니다.

클로토에 대한 임상시험에 의하면 혈액에서 측정되는 클로토 수치가 여러 병적 상태의 진행에 대한 새로운 바이오마커로 주목받지만, 클로토 수치와 임상 결과 사이의 관계에 대해서는 여전히 상반된 보고가 나온다. 예를 들어 역학 연구에 따르면 FGF23/클로토의 불균형은 심혈관 질환의 나쁜 결과와 인과적으로 연관된다고 알려져 있다. 혈액 투석을 받는 사람의 혈중 클로토 수치는 심방세동과 반비례하며, 최근의 대규모 전향적 역학 연구에서도 클로토 수치와 좌심실 비대가 반비례 관계임이 밝혀졌다. 그러나 이것이 클로토의 직접적인 영향인지, 아니면 클로토가 감소하고 인산혈증이 증가하면서 발생하는 FGF23의 과도한 증가로 인한 표현형인지에 대해서는 불확실하다. 따라서 질병의 원인과 지표로서 클로토를 구분하는 데 있어 FGF23/클로토 축의 근간이 되는 조직별 신호 메커니즘과 FGF23/클로토 간의 독립적 효과를 더 잘 이해할 필요가 있다. 이러한 사례를 종합하면 노화 관련 조직 기능 장애의 바이오마커로서 클로토의 잠재적 가치를 알 수 있다. 동시에 클로토의 손실이 지표가 될 뿐만 아니라 조직 노화의 원인이 될 수 있다는 사실은 노화 관련 기능 저하에 대응하는 클로토 기반 치료 전략을 개발할 수 있는 길을 열어 줄 것이다.

지난 세기 동안 인류의 평균 수명은 거의 2배로 늘어났다. 이러한 수명 연장은 주로 더 나은 의료 서비스 및 기타 생활수준 향상과 같은 환경 개선으로 인한 연령별 사망률 감소에 기인한다. 인구 고령화에 따라 '건강한' 수명을 늘리기 위한 전략 개발이 그 어느 때보다 중요해지고 있다. IIS와 같이 진화적으로 보존된 수명 연장 메커니즘을 조절하는 데 있어 클로토는 노화 관련 표현형이 클로토 기반 치료제를 사용해 개입할 수 있음을 시사한다.

7. 유전체 연구를 통한 노화 관련 유전자들

최근 대규모 게놈 전체에 걸친 연관성 연구를 통해 수명을 포함한 인간의 주요 노화 특성에 영향을 미치는 많은 유전자좌(loci)가 밝혀졌다. 여러 형질 유전자좌는 여러 노화 관련 질병과 연관이 있으며, 이는 노화에 공통된 영향을 미친다는 것을 시사한다. 인간의 원형 노화 증후군에서 노화를 가속화하는 돌연변이는 게놈 유지와 안정성에 중요한 역할을 하는 것으로 나타났는데, 그런 점에서 다양한 유전자 연구는 인간에게 적용할 수 있는 노화 지연의 실마리를 찾을 수 있는 경로를 제안한다. GWAS(Genome Wide Association Study)는 전장 유전체 연관 분석으로, 분석 대상인 생물체의 표현(Target) 형질과 연관성이 있는 유전자의 위치를 유전체 전반에 걸쳐 확인하고 탐지하는 방법이다. 노화 관련 유전자 변이는 주로 수백만 명의 생식세포 변이와 표현형 간의 통계적 연관성을 테스트하는 GWAS에서 확인되었다. 장수자(90세 이상)와 젊은 대조군(65세 미만)을 직접 비교했을 때, 가장 최근의 메타 분석에 의하면 중추신경계에서 신경의 회복 과정 중 콜레스테롤의 대사와 재분포에 도움을 주는 단백질인 아포E지단백(Apolipoprotein E)과 관련해서, 장수 참가자의 경우 ε4 타입이 드물고(ε3 일배체형에 비해) APOE ε2 타입이 더 흔한 것으로 나타났다. 2가지 APOE 일배체형은 알츠하이머병 및 심혈관 질환과 유사하게 반비례하는 경향이 있다. APOE는 콜레스테롤 및 기타 지질을 세포로 운반하는 데 관여하며 이 기능은 뇌에서 신경세포막과 시냅스 유지 및 복구에 중요하다. 그러나 알츠하이머병을 유발하는 전체 메커니즘은 아직 밝혀지지 않았다. 최근 연구에 따르면 APOE ε4 일배체형은 최장수 생존자 1% 중에서의 사망률과 높은 관련이 있는 반면, ε2/ε2 또는 ε2/ε3 일배체형은 최장수 생존자 1%의 사망률과 관련이 적은 것으로 나타났다. 또 다른 장수 GWAS에 대한 최근 메타 분석에서는 새로운 유전자좌인 GPR78(G Protein-coupled Receptor 78)을 확인하기도 했는데, 이 유전자가 장수에 미치는 기작에 대한 연구는 더 필요한 상황이다.

★ 제5장에서 언급한 유전자들은 동물의 장수에 영향을 줄 수 있는 몇 가지 후보 유전자들이다. 이것이 장수에 절대적으로 결정적인 역할을 하는 것은 아니며 여전히 많은 연구가 진행 중이다. 장수는 다양한 요인의 복합적인 상호작용으로 결정되며, 유전적인 영향 외에도 환경, 생활 습관, 식습관 등 여러 외부 요소가 중요한 역할을 한다.

제6장

노화를 극복하며 장수하는 척추동물들

1. 벌거벗은 두더지쥐

벌거벗은 두더지쥐(*Heterocephalus glaber*)는 가장 수명이 긴 설치류로 사육 시 최대 수명이 30년 이상이다. 반면 비슷한 크기의 설치류인 집쥐(*Mus musculus*)는 최대 수명이 실험실에서 4년이다. 벌거벗은 두더지쥐의 수명은 신체 크기에 기반해 측정한 것으로 대개의 경우 예측 수명보다 5~10배 더 오래 산다.

벌거벗은 두더지쥐는 작고 동글동글한 몸에 짧은 다리와 귀, 진한 털을 지닌 특이한 외관을 가지고 있다(그림 8). 원산지는 동아프리카의 건조한 평원이며 땅속에서 거의 나오지 않는다. 일반적으로 군집 생활을 하며 그 범위는 축구장 크기부터 최대 4킬로미터까지 달한다. 앞으로 달리는 속도만큼 뒤로도 달릴 수 있고 비가 내리고 나면 몇 주 동안 3~4톤의 흙을 이동시킬 수 있다. 벌거벗은 두더

그림 8. 벌거벗은 두더지쥐

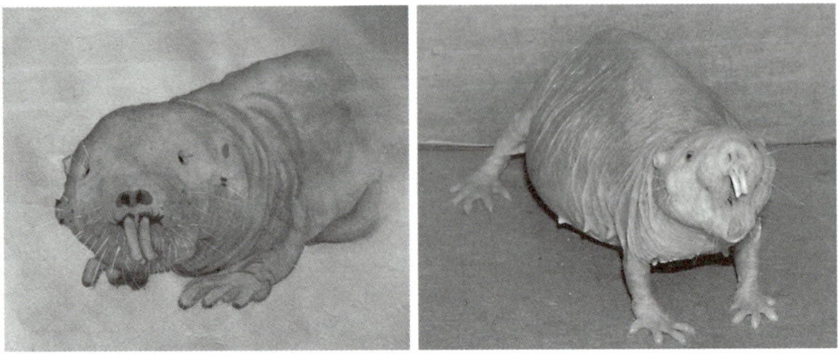

동아프리카에 사는 작은 설치류. 지하에 굴을 파서 살고 온몸에 털이 없어서 이런 이름이 붙었다. 고로 두더지와 상관없는 쥐의 일종이다(그림 출처: Wikimedia Commons).

지쥐는 19세기 독일의 자연주의자 에두아르트 뤼펠(Eduard Rüppell)이 처음 기록했다. 뤼펠은 벌거벗은 두더지쥐의 벌거벗은 모습과 처진 살갗, 피부를 뚫고 곧게 자란 이빨을 보고 다른 종이 병에 걸렸거나 변이된 것으로 추측했는데, 1950년대에 이르러 이 동물의 습성이 알려지기 시작했다.

남아프리카공화국 케이프타운 대학교의 제니퍼 자비스(Jennifer Jarvis)는 실험실에서 벌거벗은 두더지쥐 한 무리를 만들고 관찰했는데, 번식하는 개체 수가 적은 이유를 밝히지 못했다. 이 수수께끼는 DNA 연구가 발전하면서 풀렸다. 벌거벗은 두더지쥐 무리에는 개미나 흰개미처럼 번식할 수 있는 여왕 한 마리와 성적으로 활동적인 수컷 2~3마리가 있고, 최대 300마리에 이르는 나머지 무리는 짝짓기를 하지 않고 일꾼으로 배치되어 군집의 먹이가 되는 뿌리와 덩이줄기를 파거나 가끔씩 터널로 침입하는 뱀과 싸우는 일꾼으로 활동한다는 사실이 입증되었던 것이다. 미어캣을 포함한 다른 사회적 동물도 조직 행동을 하지만, 이런 사회성은 포유류 중 벌거벗은 두더지쥐와 더불어서 그와 가장 가까운 친척인 다마라랜드 두더지쥐(*Cryptomys damarensis*)에게서 나타나는 것으로 알려져 있다.

벌거벗은 두더지쥐는 주로 채굴 작업을 통해 지하 깊은 곳에서 매우 큰 땅속줄기(일반 두더지쥐 몸무게의 천 배에 달하는 무게)를 찾아 먹이로 삼는다. 땅속줄기 1개는 몇 달 또는 몇 년 동안의 먹이를 제공할 수 있는데, 이는 벌거벗은 두더지쥐가 그 내부를 먹고 땅속줄기의 외부가 남아 재생할 수 있기 때문이다. 또한 벌거벗은 두더지쥐의 장내 공생 박테리아는 섬유질을 발효시켜 소화가 불가능한 셀룰로오스를 휘발성 지방산으로 전환한다. 벌거벗은 두더지쥐는 때때로 자신의 배설물을 먹기도 하는데, 이것은 그들의 사회적 행동의 일부이자 여왕의 호르몬을 공유하는 수단일 수 있다.

벌거벗은 두더지쥐는 나이가 들어도 증가하지 않는 사망률과 비노화를 특징으로 하는 포유류이다. 더불어서 암을 비롯한 심혈관 질환 같은 노화 관련 질병에도 잘 걸리지 않는다. 나이에 따른 체성분 및 대사 프로필도 변화가 거의 없으며, 일반적으로 관찰되는 건강 악화(예: 백내장 및 골관절염)는 나이가 들어도 심각성이나 빈도 면에서 변화가 없다고 알려져 있다. 하지만 활동성 감소 및 피부 변화(더 가볍고 양피지처럼 변함)는 나타난다. 벌거벗은 두더지쥐 간의 단백질체 및 전사체 분석 결과, 분자 수준에서 연령에 따른 점진적인 변화가 발견되었다. 그러나 이것이 노화의 부재(즉, 나이가 들어도 사망률이 증가하지 않는 것)와 어떤 관련이 있는지는 불분명하며, 사망률이 항상 노화를 가장 잘 보여 주는 지표는 아니라는 논의가 있기에 좀 더 많은 연구가 필요한 상황이다.

이제 벌거벗은 두더지쥐가 오래 사는 이유와 노화가 늦는 이유에 대해 현재까지 과학적으로 발표된 설명들을 정리해 보자.

저산소 환경과 과당 이용에 대한 적응

벌거벗은 두더지쥐는 저산소 환경에서 살아남아야 한다. 벌거벗은 두더지쥐는 산소가 부족한 굴 속에서 최대 300마리까지 무리를 지어 서식하기에 이산화탄소 농도가 높거나 산소가 거의 없는 환경에 유난히 강하다. 시카고 일리노이 대학교의 신경과학자 토마스 박(Thomas Park)과 베를린 막스델브뤼크분자의학센터(Max Delbrück Center)의 생리과학자 게리 르윈(Gary Lewin) 박사는 이들에게 산소가 얼마나 필요한지 알아보기 위해 벌거벗은 두더지쥐와 생쥐를 산소가 없는 방에 넣었다. 그 결과 생쥐는 1분도 지나지 않아 죽었지만 벌거벗은 두더지쥐는 그렇지 않았다. 흥미로운 것은 벌거벗은 두더지쥐는 산소가 없는 상태에서 심장 박동이 분당 200회에서 50회로 느려졌고 금세 의식을 잃었지만, 산소가 없는 상태에서 18분이 지난 후 산소가 있는 곳으로 옮겼을 때 완전히 회복되었다고 한다. 이것이 가능한 이유는 벌거벗은 두더지쥐가 포도당을 대사하는 방법에 있다고 여겨졌다. 인간과 포유류는 해당 과정(Glycolysis)이라는 다단계 과정을 거쳐 포도당을 분해해 에너지를 생성한다. 이 과정에는 산소가 필요하며 산소가 없을 경우 젖산염과 같은 부산물이 축적되어 해당 과정의 첫 단계를 억제하고 에너지 생산이 중단된다. 특히 뇌에 저장된 에너지가 빠르게 고갈되고 세포가 죽기 시작한다. 산소가 부족한 벌거벗은 두더지쥐의 화학적 변화를 조사한 결과, 연구진은 혈액 내 이당류인 자당(sucrose)과 단당류인 과당(fructose)의 수치가 급격히 높아진 것을 발견했다. 또한 벌거벗은 두더지쥐는 다른 포유류에 비해 과당을 세포로 운반하는 분자인 GLUT5와 과당을 해당 작용에 들어갈 수 있는 형태로 변환하는 효소의 수치가 몸 전체에서 더 높았다. 벌거벗은 두더지쥐는 산소가 없을 때 이 2가지를 함께 사용해 포도당 대신 과당을 연료로 사용한다고 추론할 수 있다. 과당은 에너지 생산뿐만 아니라, 혈압 조절, 글리코겐 저장 등의 역할을 한다. 벌거벗은 두더지쥐의 경우에서는 활성화되어 있는 과당 대사 경로가 먼 옛날부터 생존 경로에 중요한 역할을 해 벌거벗은 두더지쥐가 불리한 조건에서 생존하는 데 도움을 주었을 수도 있다. 이렇듯 과거에 도움이 되었던 메커니즘이 지금에 와서 장수라는 메커니즘으로 나타난다고 볼 수 있다.

또한 오슬로 대학교의 비교생리학자 괴란 에릭 닐손(Göran Erik Nilsson)은 벌거벗은 두더지쥐의 비정상적으로 낮은 체온인 30℃가 신진대사를 늦추며, 다른 메커니즘과 더불어 장수에 중요한 역할을 할 수도 있다고 보고했다. 벌거벗은 두더지쥐의 에너지 전환을 더 잘 이해하면 인간에게 도움이 되는 열쇠를 발견할 수 있을 것이다. 예를 들어 뇌졸중이나 심장마비가 발생하면 뇌로 가는 산소 공급이 중단되고 몇 분 안에 뇌세포가 죽기 시작하는데, 벌거벗은 두더지쥐가 사용하는 과당 경로를 활성화할 수 있다면 그 시간을 길게 연장할 수 있을 것이다.

산화 스트레스 대응 능력

제4장에서 설명했듯이 산화 스트레스에 따른 노화 이론에 따르면, 노화는 미토콘드리아에서 유래한 ROS에 의해 세포에 산화적 손상이 점진적으로 축적되어 발생한다고 알려져 있다. 그러나 벌거벗은 두더지쥐 생물학 비교 연구는 대부분 이 이론과 모순되는 증거를 제시해 왔다. 예를 들어 분리된 심장 미토콘드리아를 비교한 결과, 벌거벗은 두더지쥐와 생쥐 간에서 과산화수소수(H_2O_2)[1] 유출 속도에 차이가 없었고, 벌거벗은 두더지쥐의 간세포의 세포질에서 광범위한 산화적 손상과 제한된 항산화 능력이 보고되기도 했다. 이러한 연구 결과를 종합하면 벌거벗은 두더지쥐의 장수 비결은 산화적 손상에 대한 보호 강화와 무관하게 발생한다는 결론에 도달한다. 이러한 결론은 노화의 산화 스트레스 이론을 반박하는 데 반복적으로 사용되었다. 그러나 캐나다 마니토바 대학교의 제이슨 트레버그(Jason R. Treberg) 박사팀은 ROS 생성의 차이보다는 미토콘드리아의 ROS 제거 능력이 수명이 긴 종과 짧은 종을 구분할 수 있다는 가설을 세운 후 이 가설을 테스트하기 위해 미토콘드리아의 과산화수소 생산과 제거 능력을 벌거벗은 두더지쥐와 생쥐 골격근 및 심장에서 비교했다. 그 결과 두 조직에서 미토콘드리아의 과산화수소 생성 속도는 비슷했지만 미토콘드리아의 ROS 제거 능력은 벌거벗은 두더지쥐에서 현저히 더 높게 나타났다. 특히 골격근과 심장에서 관찰된 최대 제거율은 생쥐보다 벌거벗은 두더지쥐에서 각각 약

1 ROS를 간접적으로 측정할 수 있는 화합물을 말한다.

2배와 5배 더 높았고, 이 결과는 종간 ROS 제거 능력의 차이가 과산화수소수의 농도를 조절하고 더 나아가 수명의 차이에 기여할 수 있음을 나타낸다고 보고했다.

사회적 관점

벌거벗은 두더지쥐는 계급 간에 제한된 분업을 한다. 그중 가장 확실한 것은 번식력과 비번식력 사이의 구분이다. 일반적으로 번식 암컷은 1군집당 1마리만 발견되지만 암컷 2마리가 공유하는 경우도 있다. 반대로 번식 수컷은 최대 3마리까지 있으며 이들은 종종 번식 암컷의 무리에서 친자 관계를 공유하기도 한다. 벌거벗은 두더지쥐는 독특한 번식법 때문에 종종 진사회적(eusocial, 가장 높은 단계의 사회성) 포유류로 간주된다. 여기에 부합하는 행동적 특성과 번식 개체군과 비번식 개체군 간의 형태적 차이에 대한 최소한의 특징이 있다. 중요한 것은 벌거벗은 두더지쥐는 사회적 환경의 변화가 사회적 행동에 영향을 미치는 행동표현형에서 가소성(plasticity)을 보이기에 포유류가 복잡한 사회집단에서 어떻게 살아가는지 밝힐 수 있는 기회를 제공할 수 있다.

이와 더불어 벌거벗은 두더지쥐가 갖는 노화 방지 기작은 수명을 더욱 연장해 여왕 두더지쥐를 포함한 전체 두더지쥐 무리의 수명을 잠재적으로 늘린다고 알려져 있다. 예를 들어 벌거벗은 두더지쥐 여왕은 유일한 번식 암컷으로서 진사회적 구조에서 중요한 역할을 한다. 노화 방지 기작을 통해 여왕의 수명을 연장하면 생식 능력이 연장되어 더 많은 자손을 생산하고 집단생활(colony)의 인정성을 유지할 수 있을 것이다. 흥미롭게도, 벌거벗은 두더지쥐 군집의 개체 대부분은 번식력이 없는 일꾼이며, 노화 방지 기작은 굴 유지 관리, 먹이 수집, 방어와 같은 작업의 효율성 향상으로 이어져 오랫동안 일할 수 있게 한다. 벌거벗은 두더지쥐의 진사회적 행동은 군집 내 특수한 역할에 크게 의존한다. 벌거벗은 두더지쥐의 사회적 역할에 있어 노화 방지 기작의 잠재적 효과는 아직 정확히 알려지지 않았지만, 수명이 연장되고 건강이 개선되면 군집 구성원의 분업, 자원 배분, 군집 내 전반적인 조직에 영향을 미칠 수 있을 것이다.

비번식 그룹 내 구분은 아직 입증되지 않았으나 자비스 박사는 벌거벗은 두더지쥐 서식지에서 3개의 뚜렷한 일꾼 계급을 관찰했다. 자비스 박사는 이들을 ① 열심히 일하는 일꾼(frequent workers), ② 가끔 일하는 일꾼(infrequent workers), ③ 일하지 않는 일꾼(non-workers)으로 분류했다. 열심히 일하는 일꾼은 몸집이 작으며 먹이를 옮기고 흙을 운반하고 새끼를 돌보는 일을 주로 맡았다. 가끔 일하는 일꾼은 잠자는 굴에서 쉬는 경우가 더 많고 가끔 일을 했다. 일하지 않는 일꾼은 대부분의 시간을 공동 구역에서 새끼를 돌보는 데 보낸다. 미국 코넬 대학교의 레이시(Eileen Lacey)와 셔먼(Paul W. Sherman) 박사도 몸집이 작은 일꾼이 먹이와 흙 운반, 둥지 재료 수집에 가장 자주 관여하고, 일꾼이 아닌 큰 동물은 게을러 보인다는 자비스 연구 결과와 유사한 결과를 발표하기도 했다. 그러나 새로운 터널 건설에 가장 많이 관여한 군집 구성원은 몸집이 큰 동물이었으며, 뱀과 같은 침입자가 나타났을 때도 몸집이 큰 비번식자가 방어 활동에 주로 참여했다. 흥미롭게도 젖을 뗀 모든 벌거벗은 두더지쥐는 일단 열심히 일하는 일꾼 계급에 속했다. 그중 성장이 빠른 경우 몸집이 커져 가끔 일하는 일꾼으로 이동했고 성장이 느린 경우는 영구적으로 열심히 일하는 쪽에 남았다. 성장이 빠른 벌거벗은 두더지쥐는 현재 여왕이 죽으면 번식자가 될 수도 있다고 하는데 이는 다마랜드 두더지쥐에서 발견된 것과 유사하다.

먹이가 부족한 지역에서는 더 큰 사회집단이 필요하기에 군집의 크기 및 여왕 두더지쥐의 번식 독점은 장수에 도움이 될 것으로 보인다. 또한 안정적이고 제한된 서식지에 머무르는 경향이 높다는 점도 장수 비결일 수 있다. 벌거벗은 두더지쥐의 노화 방지 효과와 사회적 행동에 대해서는 아직 더 많은 연구가 필요하지만, 그들의 행동이 각 동물의 수명과 사회적 군집 전반에 미치는 영향을 이해하면 포유류의 노화 생물학과 사회조직에 대한 귀중한 정보를 얻을 수 있을 것이다.

거대한 비장

비장(Spleen)은 혈액 여과, 면역세포 생성 및 혈소판 저장을 포함해 신체에서 여러 중요한 기능을 수행하는 기관이다. 혈액 필터로써 오래되고 손상된 적혈구를 제거하고 박테리아, 바이러스 및 기타 유해 물질을 탐지하고 퇴치한다. 또한 감염과 싸우고, 신체의 면역 체계를 지원하는 림프구를 포함한 백혈구를 생성하며, 혈액 응고 및 과도한 출혈 예방에 필요한 혈소판을 저장한다. 독일의 르윈 박사 그룹은 처음으로 벌거벗은 두더지쥐가 다른 동물보다 훨씬 큰 비장을 가지고 있는 것을 관찰했다. 비장은 신체가 염증이나 질병과 싸울 때 부풀어 오르는 기관으로 일반적으로 질병의 징후로 간주된다. 하지만 연구팀은 질병과 염증이 없는 상태에서의 비장 비대에 대한 다른 설명을 찾았으며, 사회적 서열에 관한 이전 행동 연구 실험을 통해 비장 크기가 동물의 사회적 지위와 관련이 있다는 사실을 발견했다. 즉 서열이 높은 동물일수록 큰 비장을 가지고 있다는 사실을 알게 되어 분자 수준에서 비장을 연구하기 시작했고, RNA 시퀀싱과 조직 샘플 분석을 통해 비장에 있는 다양한 면역세포를 분류했다. 그 결과 비대해진 장기에서 신체의 방어 역할을 하는 대식세포 수가 증가했으며, 이를 통해 비장이 커진 동물이 감염과 더 잘 싸우고 염증과 부상에 더 쉽게 대처할 수 있다는 것을 설명할 수 있었다.

암 저항성

벌거벗은 두더지쥐는 암 발생률이 90%에 육박하는 비슷한 크기의 실험용 쥐에 비해 암에 저항력이 있는 것으로 보인다. 암은 동물계 전체에 널리 퍼져 있지만, 현재까지 대부분의 야생 설치류에 대한 암 관련 데이터는 상대적으로 적다. 야생에서 포획한 집쥐를 대상으로 한 연구에서는 암 발생률이 약 9%로 나타났지만, 또 다른 연구에서는 야생에서 포획하고 오랫동안 키운 쥐가 주로 암으로 사망한다고 보고하기도 했다. 벌거벗은 두더지쥐의 암 발생률 연구를 보면, 800마리 이상의 야생 벌거벗은 두더지쥐에서 종양이 발견되지 않았다고 보고되었고, 동물원에서 죽은 138마리의 벌거벗은 두더지쥐를 부검한 결과 종양이 발견되지 않았다고 보고되었다.

벌거벗은 두더지쥐에서 암 발생률이 낮은 이유를 설명하기 위한 다양한 가설이 있다. 예를 들어 벌거벗은 두더지쥐의 세포 외 기질에서 발현되는 고분자량 히알루론산(HA)은 종양 성장의 접촉 억제제로 제안되었다. HA는 대체 N-아세틸-D-글루코사민과 D-글루쿠론산 단위로 구성된 선형 음이온성 산성 점액 다당류로, 대부분의 HA 분자는 세포 외 기질에서 자유롭게 이동하지만 일부는 HA 특이 결합 단백질 및 수용체를 포함한 다른 거대 분자와 결합한다고 알려져 있다. HA는 생리적·병리학적 조건에서 다양한 역할을 수행하지만, 거의 모든 건강한 조직에서 발견되는 가장 풍부한 형태인 거대 HA(1~10 MDa, 고분자량(HMW) HA라고도 한다)는 항혈관신생 및 항종양 생성 효과가 있다고 알려져 있다.

하얼빈 공업대학교(Harbin Institute of Technology)의 샤오 톈(Xiao Tian) 박사 그룹은 벌거벗은 두더지쥐의 암 저항성이 높은 함량의 울트라-HMW HA에 의해 매개된다고 제안했다. 대부분의 벌거벗은 두더지쥐 조직은 글리코사미노글리칸의 마커인 알시안 블루로 강하게 염색된다고 보고했으며, 벌거벗은 두더지쥐 조직 추출물을 아가로스 겔에 전기영동한 결과 현재까지 보고된 어떤 동물 조직보다 높은 분자량 6~12 MDa의 HA 분자를 발견했다. 이는 CD44[2] 수용체와 결합해 세포가 서로 또는 세포 외 기질과 접촉할 때 낮은 밀도에서 세포 증식을 막는 강력한 항암 메커니즘인 초기 접촉 억제

2 CD44는 HA의 주요 세포 표면 수용체이다.

를 유도하는 것이라 보았다. 울트라-HMW HA는 다른 종에게 고도로 보존된 부위에서 2개의 세린 치환을 나타내는 돌연변이된 HA 합성 효소(HAS2) 유전자에 의해 생성될 수 있으며, 아마 이 돌연변이가 지하 생활 방식에 적응한 것일 수 있다고 발표했다. 하지만 HAS2의 활성 부위의 변화가 어떻게 세포에서 더 긴 HA 분자가 돌출되도록 유도할 수 있는지에 대해서는 불분명하고 더 많은 연구가 필요하다.

또한 벌거벗은 두더지쥐의 HAS2를 과발현하는 인간 암세포는 숙주세포의 유형에 따라 매우 다양한 크기의 HA를 생성했고, 췌장암세포에서 발현된 경우 인간 HAS2에서 유래한 HA와 비슷한 크기의 HA가 생성되었다. 유방암세포에서 발현된 경우에는 더 큰 HA가 생성되기도 했다. 최근 케임브리지 대학교의 쿨라베로글루(Yavuz Kulaberoglu) 박사팀은 원자힘 현미경(Atomic Force Microscopy)[3]을 사용해 벌거벗은 두더지쥐 조직에서 추출한 HA가 인간 피부에서 추출한 HA와 매우 다른 구조를 가지고 있음을 보여주면서 이러한 특성이 벌거벗은 두더지쥐의 피부에 더 많은 탄력을 부여할 것이라는 가설을 제시하기도 했다.

벌거벗은 두더지쥐는 독특한 대사물질을 갖는데 이런 대사체들이 장수 또는 암 예방에 중요한 역할을 할 수도 있다고 알려져 있다. 벌거벗은 두더지쥐와 생쥐의 순환 대사산물의 차이에 대한

3 원자힘 현미경은 마이크로머시닝(Micromachining)으로 제작된 극히 미세한 탐침을 시료 표면에 가까이 가져갔을 때 생기는 원자 간의 상호작용력을 측정해 나노미터 크기 이하의 미세한 시료 표면의 3차원적 형상을 알아내는 장치다.

편견 없는 종합적인 대사체 분석을 통해 동면 포유류와 메티오닌(Methionine) 제한 포유류의 아미노산 분포에서 공통점이 있다고 보고되었다. 이러한 데이터는 젊은 사람이 노인보다 아미노산, 크레아틴, 트리카르복실산 대사산물의 수치가 낮다는, 칼로리 제한 쥐 및 인간 장수 연구에서 나온 결과와도 일치한다.

종합적으로 볼 때 아미노산의 낮은 순환 수치는 장수를 나타내는 생명체의 대사적 특징일 수 있다고 추측할 수 있다. 아직 많은 주요 대사물질이 밝혀지지 않은 상태에서 진행 중인 연구라는 점임을 감안할 때 연구가 진전되어 미지의 대사물질이 밝혀지기 시작하면 벌거벗은 두더지쥐의 장수와 암 예방에 기여하는 새로운 메커니즘이 추가로 밝혀질 가능성이 높다.

유전학적 관점

벌거벗은 두더지쥐는 장수와 관련해 매우 흥미로운 동물이다. 그들의 장수 비결 중 하나는 유전학적인 특성에서 기인한다. 벌거벗은 두더지쥐는 특정 유전자 변이와 연관된 특징을 가지고 있는데, 이 변이가 벌거벗은 두더지쥐의 장수와 관련이 있다고 알려져 있다. 다음은 현재까지 알려져 있는 벌거벗은 두더지쥐가 보유하는 장수와 관련된 독특한 유전자들의 예이다.

• **INK4 유전자 변이**: INK4 유전자 좌위라고 불리는 유전자는 3가지 암 억제 단백질 p15INK4b, p16INK4a, ARF를 합성한다. 이 단백질들은 세포가 스트레스를 받거나 돌연변이를 일으킬 때 세포분

열을 막는다고 알려져 있다. 특히 p16INK4a는 복제 노화, 종양 유전자 유발 노화 및 스트레스 유발 조기 노화, 줄기세포 노화에 관여하며 노화에 관여하는 많은 유전자는 노화 관련 질병과 상관관계가 있다.

벌거벗은 두더지쥐는 p16INK4a 유전자에 변이가 발생하는데, 이 변이는 세포분열과 세포 노화에 영향을 준다. 특이하게도 벌거벗은 두더지쥐에서는 p15INK4b와 p16INK4a가 서로 융합된 결과인 네 번째 단백질이 존재하는데, 이 네 번째 단백질은 세포분열을 막는 데 있어 p15INK4b와 p16INK4a만큼 우수하거나 그보다 더 뛰어난 기능을 발휘한다고 보고되었다. 또한 네 번째 단백질은 망막아세포종 단백질(RB)과 p53 종양 억제 단백질의 활성에 의존하는 신호 네트워크를 조정하면서 사이클린 의존성 키나아제 억제제로서 사이클린과 표적 사이클린 의존성 키나아제의 결합을 직접 억제하기도 한다. 실제로 죽상 동맥 경화증 및 기타 노화 관련 병리에서 네 번째 유전자좌의 역할을 뒷받침하는 증거가 속속 발표되고 있다.

• **DNA 수리 기능과 관련된 유전자**: 벌거벗은 두더지쥐는 DNA 손상에 대한 뛰어난 수리 기능이 있다. 이들은 DNA 손상을 신속하게 탐지하고 수리할 수 있는 능력을 갖추고 있어 세포의 건강과 생존을 유지할 수 있다. 한 연구에서는 자외선 조사 후 벌거벗은 두더지쥐와 생쥐 섬유아세포 추출물의 염기 절제 복구(BER)와 뉴클레오티드 절제 복구(NER) 시스템을 비교했다. 주요 DNA 복구 효소의 전사체 수준은 대부분의 경우 벌거벗은 두더지쥐와 생쥐 모두 세포

에서 높은 유도성을 보여 주었지만, 추출물에서 DNA 복구 효소 활성 비율은 조사 후 시간에 따라 다소 차이가 있었다. 벌거벗은 두더지쥐 세포 추출물은 생쥐 세포보다 돌연변이 부분을 제거하는 데 2~3배, 우라실을 제거하는 데 1.5~3배, 무염기(Apurinic/apyrimidinic, AP)[4] 부위를 절단하는 데 약 1.4배 더 효율적이었으며, 폴리(ADP-리보오스)[5] 합성 수준은 벌거벗은 두더지쥐 세포에서 1.4~1.8배 더 높았다. 또한 벌거벗은 두더지쥐 세포 추출물은 AP 부위 또는 UV에 의한 광반응성 DNA 돌연변이를 포함하는 DNA에 대한 PARP1[6]의 결합이 더 높게 나타났다. 이는 벌거벗은 두더지쥐가 생쥐보다 더 효율적인 절제 복구 시스템을 가지고 있으며, 이것이 장수와 암 저항성에 기여할 수 있음을 시사한다.

• **후성유전자 조절 기작**: 전사 및 염색질 네트워크의 중요한 조절 인자로 이어지는 후성유전학적 변화는 노화 과정의 중요한 구성 요소일 수 있다. 인간의 나이는 혈액 내 수백 개의 CpG 부위의 메틸화 수준을 사용해 정확하게 예측할 수 있으며 조직 전반을 통해 나이를 정량화할 수도 있다. 후성유전학적 시계는 사망률, 인지 능력 장애, 허약한 정도, 파킨슨병, 베르너 증후군과 같은 노화 관련 질환과 관련된 노화 가속화를 보여 주기에 인간 노화의 다양한 측면과

4 자발적이거나 DNA 손상으로 푸린이나 피리미딘 염기가 없는 DNA를 말한다.

5 DNA 복구와 게놈 안정성 및 프로그램된 세포 사멸과 같은 여러 세포 과정에 관여하는 물질이다.

6 DNA 단일가닥파손에 결합해 손상을 인지하고 복구 과정을 개시하는 효소이다.

암 예방을 측정할 수 있다. 또한 이와 유사한 전체 마우스 수명을 포괄하고 장수 요인(예: 칼로리 제한)에 대한 반응으로 생물학적 나이가 감소하는 것을 보여 주는 혈액 및 다중 조직 시계를 포함한 여러 마우스 시계가 개발되었다. 마우스와 인간의 시계 모두 성체 섬유아세포를 유도만능 줄기세포로 재프로그래밍하는 동안 후성유전학적 연령이 급격히 감소하는 것으로 나타났다. 마찬가지로 다른 포유류의 후성유전체도 나이가 들면서 꾸준히 변화하기에 종별 및 범종 시계를 구축할 수 있다. 이런 내용을 바탕으로 고해상도 메틸게놈 접근법을 사용해 벌거벗은 두더지쥐 후성유전학적 노화 시계를 개발한 후 다른 포유류의 노화와 비교해 이 종의 노화 관련 DNA 메틸화 변화를 조사하기도 했다. 최근에는 사전 정의된 51개의 CpG에 대한 표적 분석을 사용해 벌거벗은 두더지쥐의 피부와 간에서 노화 시계가 보고되었고, 사전 정의된 2만 7,917개의 CpG 부위에 대해 어레이(Array) 기반 후성유전학적 노화 시계가 개발되기도 했다. 또한 벌거벗은 두더지쥐의 노화 가능성을 철저히 조사하기 위해 107개의 벌거벗은 두더지쥐 혈액 샘플에 이황화물(bisulfide)이라는 화합물을 이용해 300만 개 이상의 일반적인 CpG 부위를 분석할 수 있었다. 이 결과를 이용하면 벌거벗은 두더지쥐에서 노화와 관련된 DNA 메틸화 변화 패턴이 다른 포유류에 비해 독특한 방식으로(즉, 노화와 관련된 후성유전학적 변화) 나타난다는 점을 입증했다.

★ **벌거벗은 두더지쥐에게 배울 수 있는 장수 비결**

- **사회적 연결**: 벌거벗은 두더지쥐는 사회적인 동물로서 대규모 사회집단을 형성한다. 이들은 상호 협력하고 돌보며 사회적 연결을 통해 서로를 지원한다. 사회적 연결과 지원은 건강과 행복에 중요한 역할을 한다. 그러므로 우리도 가족, 친구, 사회적 네트워크와 연결을 유지하고 서로를 돌보며 서로에게 지원을 제공하는 것이 중요하다.

- **스트레스 관리**: 벌거벗은 두더지쥐는 스트레스에 저항할 수 있는 고도의 능력을 갖추고 있다. 이들은 어려운 환경에서 살아남기 위해 유연성을 발휘하고 스트레스에 대응하는 방법을 찾아낸다. 우리도 벌거벗은 두더지쥐에게서 배운 대로 스트레스 관리법을 익히고, 적절한 휴식과 휴가, 심리적 지원, 명상 등을 통해 스트레스를 관리하는 것이 중요하다.

- **활발한 활동**: 벌거벗은 두더지쥐는 지하 동굴에 살면서 활발하게 움직인다. 이들은 계속 터널을 파고 활동적인 생활을 유지한다. 벌거벗은 두더지쥐를 통해 운동이 건강과 장수에 중요한 역할을 한다는 점을 배울 수 있다. 우리는 정기적인 운동을 통해 신체 활동을 유지하고 근육을 강화하며, 건강한 심장 및 순환 체계를 유지하는 것이 필요하다.

- **영양과 식습관**: 벌거벗은 두더지쥐는 저온, 저산소, 제한된 먹이원이라는 극한 환경에서 생존한다. 또한 이들은 철저히 관리된 식습관을 유지하며, 먹이를 효율적으로 이용한다. 우리는 벌거벗은 두더지쥐와 같은 극한 환경에서 살고 있지는 않지만 그들에게서 배운 대로 올바른 영양소 섭취와 균형 잡힌 식습관을 유지하는 것이 중요하다는 것을 알 수 있다.

- 마지막으로 벌거벗은 두더지쥐의 생물학적 특성은 우리와 다른 면이 있기에 이들의 비결을 그대로 적용하기보다는 우리의 신체와 상황에 맞게 적절히 수정해 적용해야 한다.

2. 다람쥐

다람쥐는 작고 귀여운 외모로 익히 알려져 있는 설치류 동물이다. 다람쥐는 주로 나무에서 생활하며 전 세계적으로 다양한 종류가 분포하고 있다. 다람쥐의 이름은 '달리는 쥐'에서 유래했다고 추측한다. 미국 인디언들은 다람쥐를 '아지다무(Ajidamoo)'라고 부르기도 하는데, 이는 '머리부터'라는 뜻으로 다람쥐가 나무에서 내려올 때 머리부터 내려오는 모습을 보고 붙인 것이다.

다람쥐는 두꺼운 털과 부드러운 몸을 가지고 있으며, 털은 주로 갈색, 회색, 검은색 등으로 종류에 따라 패턴과 색상이 다를 수 있다. 다람쥐는 긴 꼬리와 큰 눈, 날카로운 발톱 등과 같은 외모의 특징도 있다. 다람쥐는 주로 견과류를 포함한 다양한 종류의 씨앗, 열매, 꽃, 버섯 등을 먹으며, 먹이를 찾으면 자신의 뺨주머니에 담아 가지고 다닌다. 다람쥐는 활발하게 움직이고 나무에서 다른 나무로 뛰어다니는 능력이 뛰어나다. 그들은 잘 훈련된 등을 이용해 수평으로 뛰거나, 꼬리를 사용해 균형을 잡고 고도로 이동할 수 있다. 다람쥐는 대부분 독립적으로 생활하지만 일부는 소규모의 사회집단을 형성하기도 한다. 이들은 서로의 경계를 존중하면서 지역을 공유하고 소통 및 상호작용을 통해 사회적 관계를 유지한다고 알려져 있다. 또한 일부 다람쥐종은 겨울 동안 먹이 부족에 대비해 동면을 하는데, 동면 동안 신체 기능을 절약하고 에너지를 보존하고 심지어는 이때 노화를 늦추는 기작이 발현한다고 알려져 있다. 동면하는 종은 크기만 고려했을 때 동면하지 않는 동물에 비해 오래 산다.

그림 9. 다람쥐

다람쥐는 소형 또는 중형 설치류를 포함하는 다람쥐과 동물 중 일부를 일컫는 말이다. 좁게는 한반도에 사는 다람쥐과 동물인 다람쥐 한 종만을 지칭하고, 넓게는 북아메리카, 유럽 등에 사는 청서속과 하늘다람쥐속 등을 포함해 부르기도 한다(그림 출처: Pixabay).

다람쥐의 수명은 다람쥐의 종류에 따라 다를 수 있으며 환경 조건과 생물학적 요소, 그 외 다양한 요인에 의해 좌우된다. 일반적으로 야생 다람쥐의 수명은 2~5년 정도이지만 일부 다람쥐는 더 오래 살 수도 있다. 예를 들어 흔한 미국 동부 다람쥐(*Sciurus carolinensis*)의 경우 6~10년 정도 살며, 일부 종류의 다람쥐는 동물원이나 사육 환경에서 더 오래 살 수도 있다고 한다. 또한 먹이, 활동 수준, 유전적 요소, 질병 및 천적과의 상호작용 등도 중요한 요인이며 서식지의 가용성, 건강 상태, 먹이의 이용 가능성 등 외부 환경 요소도 영향을 미칠 수 있다.

다람쥐 중 노란배 마멋(Yellow-bellied marmots)을 연구하는 UCLA 생물학자와 동료 연구팀이 야생에서 노란배 마멋의 노화 속도를 분석한 결과에 의하면, 이 동물은 지하 굴에서 동면하는 7~8개월 동안 노화 과정을 사실상 멈출 수 있다고 한다. 또한 성적으로 성숙하는 2세가 되면 노화 방지 현상이 시작된다고 보고했다. 연구진은 콜로라도에서 여러 번의 여름에 걸쳐 수집한 마멋의 혈액 샘플을 조사했다. 그 후 동면 중에 일어나는 일을 추정할 수 있는 통계적 모델을 구축해 후성유전학적 변화(DNA에 발생하는 수백 가지 화학적 변형)로 알려진 것을 기반으로 마멋의 생물학적 노화를 평가했다. 다양한 통계적 접근법을 통해 마멋의 후성유전학적 나이가 활동기에는 증가하고 동면기에는 멈추며 다음 활동기에 다시 증가한다는 것을 발견했다. 연구진은 이 과정이 노란배 마멋의 평균 수명이 예상보다 긴 이유를 설명하는 데 도움이 된다고 보고했다. 동면은 동물이 먹이가 없고 기온이 매우 낮은 혹독한 계절 환경에서 생존할 수 있도록 하는 진화적 적응이다. 미국과 캐나다 서부 산악 지역에 서식하는 마멋과 같은 소형 포유류에서 흔히 볼 수 있다. 마멋의 동면은 1~2주 동안 지속되는 신진대사 억제 기간과 일반적으로 하루 미만으로 지속되는 짧은 신진대사 증가 기간이 번갈아 가며 진행된다. 신진대사가 억제되는 동안에는 호흡이 느려지고 체온이 급격히 떨어져 '흐릿하고 차가운 바위처럼 느껴질 정도'라고 한다. 또한 극히 적은 양의 에너지를 사용해 하루 동안 약 1g의 지방을 태우는데, 이는 5,000~6,000g인 마멋에게 본질적으로 적은 에너지일 것이다. 마멋은 활동적인 여름철에 몸무게를 2배로 늘려 다음 동면 동안 생존할 수 있는 충분한 지방을 확보한다. 그리고 먹이 섭취 감소, 체온 저하, 신진대사 감소 등 동면과 관련된 모든 조건은 노화를 막고 장수를 촉진하는 것으로 알려져 있다. 이러한 노화 지연은 동면하는 다른 포유류에서도 분자적·생리적 변화가 유사하게 나타나기에 발생 가능성이 높다. 인간이나 인간 세포의 동면 상태를 유도하면 장기 이식이나 장기 우주 임무의 일환으로 장기를 보존하는 연구 등 생물 의학적 이점이 있을 것이다.

다람쥐의 장수 비결은 유전학적인 측면에서는 크게 연구되지 않았다. 다람쥐의 수명은 다양한 요인에 의해 결정되며 유전학적인 영향은 상대적으로 적은 것으로 알려져 있다. 그러나 일부 연구는 일부 다람쥐종에 특정 유전자 변이와 장수의 관련성이 나타난다고 제안한다. 아마 텔로머레이즈 활성에 관련된 유전자들과 DNA 수리 기능이 있는 유전자들에 특이성이 있으리라 추론된다. 현재 동면하는 동물 중 극한 조건과 계절에 적응하는 땅다람쥐종을 포함해 텔로미어 길이의 정량화를 포함한 연구가 미국 NASA에서 진행 중이다.

★ 다람쥐에게 배울 수 있는 장수 비결

- 다람쥐의 동면은 긴 기간의 신진대사 억제(동면)와 짧은 기간의 신진대사 증가(각성)가 산재되어 있는 것이 특징이다. 동면과 각성 주기는 동면 중 여러 번 발생하며, 동면과 각성 사이의 전환을 조절하는 과정이 노화 억제를 유발한다고 추정된다.
- 동면 기간에는 후성유전학적 노화가 상당히 둔화되는 것으로 관찰된다. 동면은 포식자와 질병으로부터 개체를 보호해 수명을 늘릴 수 있고, 동면과 관련된 생물학적 과정이 대부분 동면 동물의 특징인 긴 수명에 중요한 기여를 한다고 추정된다. 동면의 노화 방시 특싱에 대한 기계적인 이해는

동면 사용의 종 내 및 종간 변화, 그리고 대사율 저하와 관련된 다양한 생존 전략을 탐구함으로써 더욱 발전할 것이다.

- 대사 저하는 동물계 전반에 걸쳐 유사한 분자 및 생화학적 패턴을 통해 이루어지기 때문에, 노화는 유사한 진화 경로를 통해 이러한 생활사적 특성에 따라 형성될 수 있다. 장수는 개체 체력의 핵심 요소이므로 동면과 노화를 연결하는 경로를 이해하면 동면 상태에 들어갈 수 없는 종을 포함해 다양한 잠재적 응용 분야를 연구하는 데 도움이 될 것이다.
- 또한 여러 종의 동면 상태를 연구하면 노화의 메커니즘과 개인과 종의 생물학적 노화 속도 차이에 대한 새로운 통찰력을 얻을 수 있을 것이다.

3. 고래

고래는 고래목(*mysticetes*)에 속하는 다양하고 널리 분포하는 완전 수중 태반 해양 포유류이다. 약 4,000만 년 전에 갈라져 나온 '고래목'과 '이빨고래목(*odontocetes*)'이라는 두 아목으로 나뉜다. 전자는 이빨을 잃고 위턱에 매달린 길고 얇은 외배엽에 기원을 둔 각질 플라크(keratinous plaques)를 발달시켜 입에 들어오는 물에서 플랑크톤과 작은 물고기를 먹을 수 있고, 후자는 몸집이 커서 지방을 많이 저장할 수 있으며, 따뜻한 바다에서 번식하기 위해 계절에 따라 이동하는 능력이 잘 발달되어 있다. 이빨고래는 고주파 클릭의 빠른 시퀀스를 환경에 전송하고 물체의 거리, 크기, 모양 및 질감을 구별하기 위해 에코의 수정된 반환을 듣는 정교한 에코 위치 시스템을 가지고 있다. 이는 박쥐의 소나(sonar)[7]와 매우 유사하다.

그림 10. 고래

고래는 포유강(哺乳綱) 소목 경하마형아목 고래하목에 속하는 동물을 총칭한다. 약 4~5미터를 기준으로 돌고래와 고래를 분류한다.

많은 고래류는 기대 수명이 100세 이상으로 매우 길며, 페토의 역설[8]에서 확인할 수 있듯 암 발생에 높은 저항성을 가지고 있다. 따라서 암 저항성과 관련된 모든 메커니즘이 수명 연장에 기여한다고 볼 수 있는데, 실제로 수명이 가장 긴 포유류 5종 중 인간을 제외한 나머지 4종이 모두 향유고래[9]이다. 따라서 고래에 대한 현 지식을 분석해 고래의 높은 수명과 암에 대한 저항력을 부여하는 분자 메커니즘을 밝히면 우리에게 큰 도움이 될 것이다. 다음은 기존에

7 박쥐 따위의 동물들이 스스로 내는 음파의 반사를 이용하여 방향이나 거리를 감지하는 기능이다.

8 일반적으로 몸집이 큰 동물들이 암에 잘 걸리는데 이를 역행하는 가설이다.

9 이빨고래류 중 가장 큰 종이다.

보고된 고래의 장수를 가능케 하는 기전들이다.

혈액학적·생화학적 매개변수

인간의 경우 노화하면서 적혈구 수, 헤모글로빈 및 헤마토크릿 수치가 감소한다고 보고된다. 반면 범고래(Killer Whales)에서는 이러한 매개변수의 값이 증가한다고 관찰된다. 이는 모든 장기에 적절한 수준의 산소를 유지하는 능력을 반영하는 수중 환경에 대한 적응에서 비롯된 것으로 추정된다. 인간의 백혈구 수치는 나이에 따라 증가하며 모든 원인에 의한 사망률과 반비례로, 심혈관 질환에 의한 사망률과 거의 비례로 연관된다. 그러나 범고래에서는 이런 현상이 나타나지 않는다. 또한 인간은 노화하면서 림프구가 현저히 감소하면서 동시에 분절형 호중구가 약간 증가한다고 보고되지만, 범고래의 경우 오래 살수록 두 매개변수 모두 감소한다고 알려져 있다. 요컨대 인간은 나이가 들면서 만성 전신 염증 상태가 발생하지만, 고래에서는 이러한 현상이 발생하지 않음을 시사한다.

또한 총 빌리루빈과 알칼리성 포스파타아제 수치는 인간의 경우 나이들수록 증가하며 사망률 증가와 관련이 있을 수 있는 반면, 총 단백질은 간 기능 장애의 진행을 반영해 줄어든다. 반면 범고래의 경우 총 빌리루빈과 총 단백질은 나이가 들면서 점차 증가하고 알칼리성 포스파타아제는 감소한다고 알려져 있다. 범고래에서 노화에 따라 변화하는 매개변수는 평균 혈소판 부피, 알부민, 글로불린, 젖산 탈수소 효소 등으로 보고되며, 이 수치들은 모두 증가했다. 감소한 매개변수는 평균 적혈구 헤모글로빈, 평균 적혈구 헤모글로빈 농도, 망상 적혈구 분획, 절대 단핵구, 절대 호산구, 포도당, 알라닌 아미노전달 효소, 아스파테이트 아미노전달 효소, 칼슘, 나트륨, 칼륨 및 이산화탄소였다. 이러한 생화학적 차이점은 아마 고래가 장수하는 데 직간접적으로 관여하지 않을까 생각된다.

기초대사량과 체온

갑상선호르몬은 대부분의 조직에서 다양한 대사 활동을 자극해 기초대사율을 증가시킨다. 고래류는 대부분의 육상 포유류보다 갑상선호르몬인 티록신(T4)의 순환 수치가 높으며, 이는 수중 환경에서 신진대사율을 높이고 부레와 함께 체온을 유지하는 데 도움이 되리라 여겨진다. 이는 벌거벗은 두더지쥐의 긴 수명과 낮은 T4 수치가 관련이 있다고 밝혀진 사실과 상반된 결과이다. 그러나 고래의 T4 수치는 계절에 따라 변화를 보였으며, 인간의 노화에서 나타나는 연령에 따른 변화는 나타나지 않았다. 또한 갑상선호르몬 수치는 체온과 밀접한 관련이 있으며 체온이 낮을수록 수명이 길어진다는 분명한 경향이 있다. 실제로 체온은 체질량, mtDNA의 GC 함량, 텔로미어 길이와 유의미한 상관관계가 있다고 보고되었으며, 이러한 모든 요소가 생명체의 수명을 결정짓는 주요 요인으로 작용한다. 이에 대한 적합한 예로 벌거벗은 두더지쥐와 북미 피카(North American Pika)를 들 수 있을 것이다. 둘은 비슷한 체질량, mtDNA GC 함량 및 텔로미어 길이를 공유하지만, 체온(벌거벗은 두더지쥐는 32.1℃, 북미 피카는 40.1℃)이 다르다. 따라서 벌거벗은 두더지쥐가 약 4배 더 오래 사는 이유를 부분적으로 설명할 수 있다.

유전학적 측면

향유고래의 게놈은 전이인자(Transposable Element, TE)[10] 비율이 높으며(최대 32%), 특히 LINE-1과 같은 긴 반복 시퀀스가 많다. 혹등고래의 게놈에서도 같은 현상이 관찰되는데, 활성화된 TE는 돌연변이 유발성이 높은 것으로 간주되며 일반적으로 생명체가 노화하면서 더욱 활성화되어 암 발생 및 진행과 같은 노화 관련 병리와 관련된다고 알려져 있다. 그러나 고래에서 속도가 느린 돌연변이가 나타나 종양세포의 생성과 진행을 제한할 수 있다. 또한 고래는 벌거벗은 두더지쥐와 마찬가지로 레트로 트랜스포존(Retro transposon)[11]의 활성을 떨어뜨리는 메커니즘을 가질 가능성이 있다. 여기에는 DNA 복구 효소 또는 DNA 메틸화 및 히스톤 변형의 후성유전학적 과정과 같은 일부 요인이 포함될 수 있다. 이에 대해서는 실험적으로 좀 더 확증이 필요하다.

노화와 암에 대한 저항력을 부여하는 적응성 유전적 변화와 관련해서는 고래의 경우 ERCC1(Excision Repair Cross Complementation 1), HDAC1 및 HDAC2 유전자에서 관찰되었다. 이 세 유전자는 전사 조절, 염색질 조직, DNA 복구, G1 유사 분열기 및 G1/S 전이, NOTCH 및 세포 사멸 수용체 신호, 성장 인자 수용체에 의한 신호 번역 질환 및 발달 생물학 장애와 같은 많은 과정에 관여한다. 따라서 이러한 유전자의 적응 개선은 여러 수준에서 장수에 유익한 영향을 줄

10 게놈 내에서 위치를 이동할 수 있는 유전자를 말한다.
11 DNA의 전사체인 RNA를 매개체로 삼아 유전체 내에서 이동하는 전위인자를 말한다.

수 있다.

ERCC1은 DNA 복구 및 재조합에 관여하는 단백질로, 특히 뉴클레오티드 절제 복구 경로와 이중 가닥 단절을 복구하는 경로에 관여한다. 이 단백질이 결핍되면 노화와 세포 사멸을 초래하는 경로가 활성화될 뿐만 아니라 위암·식도암과 같은 일부 암의 발병을 촉진한다. HDAC1과 HDAC2는 염색질 구조와 전사 조절에 중요한 단백질로 이들의 불균형은 노화 및 암과 관련 있다고 알려져 있다. 중요한 것은 이러한 유전자가 여러 유형의 암에 걸릴 확률을 높일 수 있는 면역 체계 장애에도 영향을 미친다는 점이다.

고래에서 발견되는 유전자 발현의 특이점은 범고래의 TGM3(Transglutaminase3)과 SEMA3B(Semaphorin3B), 참돌고래의 KCNMB1(Potassium Calcium-Activated Channel Subfamily M Regulatory Beta Subunit 1), 향유고래, 북대서양긴수염고래, 귀신고래의 UVRAG(UV Radiation Resistance Associated), 모든 고래류의 PDCD5(Programmed Cell Death 5)와 같은 종양 억제 유전자 중복이다. TGM3은 말기 표피 분화에 필수적이며, 하향 신호조절은 다양한 인간 암 유형과 밀접한 관련이 있다. SEMA3B는 세포 증식, 이동 및 혈관 신생을 억제하기에 여러 유형의 암에 자주 영향을 받으며, KCNMB1은 노화 중 이완기 고혈압의 낮은 유병률과 관련이 있는 Ca^{2+} 의존성 칼륨 채널이다. UVRAG는 자가포식의 핵심 인자이자 대장암에서 프레임 시프트 돌연변이에 의해 절단되는 염색체 안정성의 수호자이며, PDCD5는 p53 경로와 상호작용해 세포 사멸을 촉진하므로 여러 암에서 그 발현이 감소한다고 알려져 있다.

그림 11. 다양한 고래들

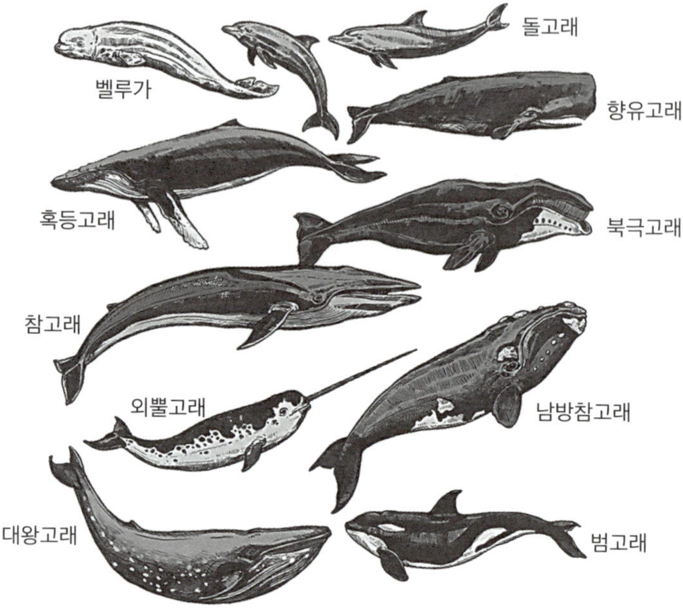

고래는 총 90여 종으로 분류되며, 각각의 종마다 특징과 행동양식이 다르다고 알려져 있다. 그림은 대표되는 고래 종류들을 나타내고 있다(그림 출처: MyAnimals).

또한 고래에서 노화에 관여하는 종양 억제 유전자 EEF1A1(Eukaryotic Translation Elongation Factor 1 Alpha 1), H2AX(H2A Histone Family Member X), HSPD1(Heat Shock Protein Family D(Hsp60)Member 1), MAPK9(Mitogen-Activated Protein Kinase 9), GSTP1(Glutathione S-Transferase Pi 1), PTPN11(Protein Tyrosine Phosphatase Non-receptor Type 11) 및 IGF 결합 단백질3(Insulin Like Growth Factor Binding Protein 3, IGFBP3)의 중복이 발견되었으며, 노화에 관여하는 유전자는 NOTCH3(Notch receptor 3) 및 SIK1(Salt-Inducible Kinase 1)처럼 노

화에 유리할 뿐만 아니라 RBX1(Ring-Box 1) 및 YAP1(Yes-Associated Protein 1)에 의해 억제되기도 한다. 결론적으로 TP53은 고래류에서 중복/복제되지 않는 것으로 보이지만, DNA 복제, 세포주기, 아미노산 및 단백질 대사, 스트레스에 대한 세포 반응에 역할을 하는 다른 유전자들이 중복/복제되어 있었다.

한편 혹등고래에서는 PRMT2(Protein Arginine Methyltransferase 2), SLC25A6(Solute Carrier Family 25 Member 6), NOX5(NADPH Oxidase 5)및 TPM3(Tropomyosin 3) 유전자의 중복이, 향유고래에서는 SALL4(Spalt Like Transcription Factor 4) 유전자의 중복이 발견되었다. 이러한 유전자는 근육 수축, ROS 해독, 미토콘드리아 단백질 수송, SLC 매개 막 통과 수송, 줄기세포 전사 조절, HIV 인자의 숙주 상호작용에 중요한 역할을 한다고 알려져 있다. PRMT2는 활성화 기능 덕분에 유방암에서 특히 중요한 여러 주요 수용체의 활성화에 영향을 미칠 수 있고, SLC25A6은 미토콘드리아 ADP/ATP 운반체이며 세포 사멸을 유도하는 미토콘드리아 생성물의 방출을 조절하는 투과성 전이 기공 복합체의 기능에 관여한다. ROS를 생성하는 NOX5 과발현은 여러 노화 질환 및 여러 유형의 암, 특히 화학 요법 약물에 대한 암세포의 민감성과 관련이 있고, 트로포미오신 계열의 액틴 결합 단백질 중 하나인 TPM3은 종양 세포 침입을 촉진하는 것으로 나타났다. SALL4는 다능성 및 자가 재생 특성을 유지하는 데 필수 역할을 하므로 많은 암에서 재활성화된다고 알려져 있다.

수명이 긴 고래류와 수명이 짧은 고래류를 비교한 결과, 밍크고래(Minke Whale)보다 북극고래(Bowhead Whale)에서 노화 및 암과 관련된 여러 유전자인 SOCS2(Suppressor Of Cytokine Signaling 2), APTX(Aprataxin), NOG1(Nucleolar GTP-binding protein 1), LEP(Leptin)가 활성화되어 있는 반면, 밍크고래의 경우 밍크소(Minke-Cow), 밍크돌고래(Minke-Dolphin)보다 FOXO3, ERCC3(Excision Repair Cross-Complementation Group 3), FGFR1(Fibroblast Growth Factor Receptor 1)이 활성화되었다. SOCS2는 증식과 관련된 여러 경로에서 작용하는 전사 억제 인자로 여러 악성 신생물에서 종양 억제 기능을 한다. APTX는 DNA 복구 및 복제 중 오류의 산물인 5′-AMP 그룹을 DNA에서 제거하며, 결핍 시 미토콘드리아 기능이 손상된다. NOG1은 IIS 경로를 통해 성장, 지방 저장 및 수명을 조절하는 핵형 GTPase이고, LEP는 내분비 기능을 하는 노화 및 암의 발생과 진행을 포함한 다양한 과정의 조절에 관여하는 단백질이다.

한편 FOXO3은 다양한 동물 모델에서 일관되게 복제된 인간의 장수 및 암과 관련된 몇 안 되는 유전자 중 하나이다. ATP 의존성 ERCC3 DNA 헬리케이즈의 결핍은 색소성 피부염과 같은 조기 노화의 여러 유전적 장애를 유발하며 유방암, 난소암과 같은 일부 암과도 관련이 있다고 알려져 있다.

섬유아세포 성장 인자 계열을 특정 리간드로 하는 수용체 티로신 키나아제인 FGFR1은 혈액암·유방암·폐암에서 상대적으로 빈번하게 증폭 및 과발현된다. 이것은 전반적으로 장수하는 고래에서 렙틴과 면역계의 사이토카인, 단백질 대사, 주로 신경 퇴행성 및 성장 인자의 신호 전달과 관련된 질병에 관여하는 유전자에 의한 신호 전달이 더 잘 조절된다는 것을 보여 준다.

그림 12. 고래의 장수와 암에 대한 저항성에 관여하는 작용기작

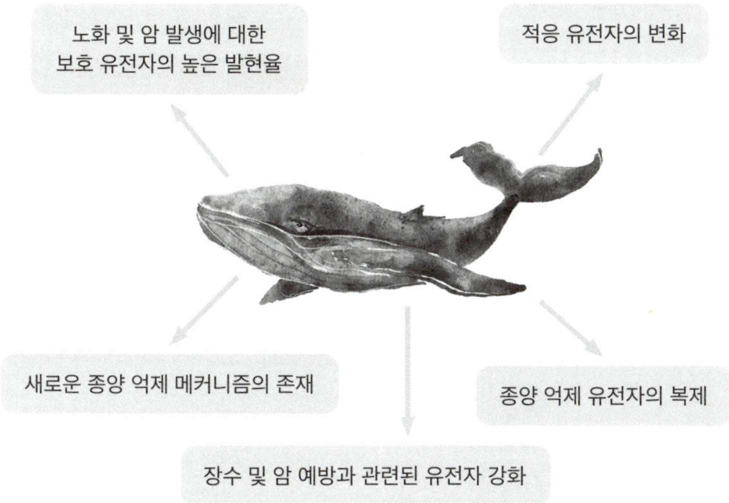

Francisco Alejandro Lagunas-Rangel, "Deciphering the whale's secrets to have a long life," *Experimental Gerontology*, vol. 151, 2021, 111425에서 발췌.

미토콘드리아 DNA

mtDNA의 변화는 광범위한 변화를 초래할 수 있을 뿐 아니라 노화와 장수의 메커니즘에서 중요한 역할을 한다고 간주되어 왔다. mtDNA에는 호흡 사슬의 13개 주요 효소 서브 유닛을 코딩하는 유전자, 22개의 tRNA 유전자 세트, 크고(16S) 작은(12S) rRNA 서브 유닛을 위한 유전자가 2개 포함되어 있다. 종마다 mtDNA의 특성은 다르며 이는 주로 안정성과 돌연변이성을 결정할 수 있다. 고래류 29종의 mtDNA를 분석한 결과, D-루프의 구아닌 함량과 COX1 및 ND6의 사이토신 함량은 장수와 음의 상관관계가 있는 반면, COX2

및 COX3의 티민은 양의 상관관계가 있다고 나타났다. 이 모든 것은 D-루프에 위치한 구아닌과 단백질 암호화 유전자에서 높은 돌연변이 또는 다형성 비율을 보인다는 보고와 일치한다. 따라서 고래류 mtDNA의 이러한 영역에서 뉴클레오티드의 비율이 낮을수록 돌연변이에 의한 위험이 줄어든다. 또한 티미딘은 중간 정도의 안정성을 가진 뉴클레오티드로 간주되지만 돌연변이를 일으킬 가능성이 가장 높은 2번째 염기이다. 시토크롬 C 산화 효소(COX1, COX2, COX3)의 촉매 핵심 서브 유닛을 코딩하는 유전자가 고래류의 수명과 관련 있다는 사실은 적절한 수준의 에너지를 유지하고 항산화제 중간체의 형성을 방지하는 데 있어 유전자의 역할이 중요함을 강조한다. mtDNA, D-루프, 단백질 인코딩 유전자, tRNA 및 rRNA의 GC 함량은 고래 수명과 유의미한 관련은 없지만, 위에서 언급했듯이 이러한 매개변수는 체온 및 텔로미어 길이 등과 관련될 때 중요할 수 있다.

고래의 경우 나이가 들면서 mtDNA 손상 수준이 커진다고 보고된다. 그러나 색소 침착이 심한 개체일수록 손상 수준이 더 낮아지느러미고래(짙은 갈회색 피부)와 청색고래(옅은 청회색 피부)에 비해 향유고래(대부분 짙은 회색 피부)에서 더 높게 나타나며, 이는 멜라닌 생성에 대한 HSP70이 억제되는 효과가 있음을 시사한다. 또한 HSP70과 p53의 발현은 자외선 강도가 높은 달에 증가하는 것으로 나타났다.

추가적인 측면

노화로 인한 잘 알려진 결과에는 자외선 노출 후 복구 메커니즘의 결함으로 인해 피부에 멜라닌 반점이 축적되는 것, 공간 대비에 대한 민감성, 시각 처리 속도 저하, 저조도 시력, 시간적 민감성 및 움직임 지각의 노화 관련 시력 장애, 마지막으로 근육량, 힘 및 기능의 비자발적 손실인 근감소증 등이 있다. 이러한 점에서 귀신고래는 산화에 저항력을 갖는, 잘 정돈된 포화 스핑고지질 함량이 높고 단백질 응집을 억제할 수 있는 콜레스테롤 수치도 높다. 이 두 특성이 결합되어 고래 눈의 수정체 막은 다른 많은 종보다 상대적으로 더 오랫동안 백내장이 없는 깨끗한 상태를 유지할 수 있다.

근육량 유지와 관련해 노령 고래류 표본에서 근육 위축에 대한 명백한 증거는 보고되지 않았다. 다만 빠른 유형 II 섬유(fast type II fibers)의 단면적과 직경이 약간 점진적으로 감소하고 느린 유형 I 섬유(slow type I fibers)에서는 이러한 매개변수와 그 수가 크게 증가하는 등 일부 조직 병리학적 변화가 관찰되었다. 또한 귀신고래 근육에서 관찰된 미미한 근육 수축 변화는 혹등고래에서 근육 수축 유전자 복제에 의해 대치되었다.

언급해야 할 또 다른 측면은 고래와 다른 장수종에서 풍부한 단백질의 회전율이 감소한다는 것이다. 단백질 회전율이 느려지면 ATP 수요가 감소하고 수명이 길어지면서 유해한 ROS 생성이 감소할 수 있다. 따라서 귀신고래의 단백질 대사, 특히 유비퀴틴화 및 네딜화[12] 조절과 관련된 유전자의 복제가 장수에 중요한 역할을 할 수 있다고 이야기할 수 있다.

★ **고래에게 배울 수 있는 장수 비결**

- 고래에게는 2가지 중요한 특징이 있다. 최대 200년에 이르는 긴 수명과 암 발병에 대한 저항력을 가지고 있다는 점이다. 그러나 이에 대한 정보가 아직 거의 없어서 고래가 이 2가지 특성을 발달시키는 데 사용하는 메커니즘을 정확하게 이해하고 이 중 어떤 것을 인간에게 적용할 수 있는지 결정하는 데는 더 많은 연구가 필요하다.
- 전 세계가 고령화되고 있다는 점을 고려할 때 고래 수명에 관한 지식은 사람들의 삶의 질을 개선하는 데 큰 도움이 될 것이다. 현재는 고래가 나이를 먹을수록 일어나는 변화율 대사를 혈액학·생화학 수준에서 분석하고 게놈과 전사체의 정보를 해석하려고 노력 중이다.
- 이를 통해 발견한 결과를 인간들에게 적용하면, 노화에 따른 변화 없이 신진대사가 일정하게 유지되고 만성 전신 염증이 발생하지 않으며 게놈에 DNA 복구, 세포 주기 조절 및 종양 억제제와 관련된 유전자의 발현이 증가할 때 장수 가능성이 높아진다는 사실을 확인할 수 있을 것이다.

4. 코끼리

코끼리는 인간과 마찬가지로 보통 새끼를 한 마리 낳고 성숙이 느리다. 코끼리는 가장 느리게 번식하는 육상 포유류 중 하나로 임신 기간이 가장 길며, 성 성숙 연령과 출산 간격이 인간과 비슷하다.

12 단백질 변형 체계로서 NEDD8이라는 11kDa의 작은 단백질이 다른 단백질의 리신(lysine) 잔기에 공유 결합하는 과정으로, NEDD8이 결합된 단백질은 그 기능이 변한다.

또한 수명이 길어 인간에 이어 2번째로 오래 사는 육상 포유류이기도 하다. 실제로 동아프리카의 야생 코끼리를 대상으로 50년 가까이 진행한 연구에서 암컷 코끼리의 출생 시 기대 수명(평균 46.7세)이 인근에 사는 수렵 채집인의 기대 수명(35.6세)보다 긴 것으로 보고되었다.

코끼리에 대한 연구는 노화 과정에 대한 통찰력을 제공할 수 있다. 특히 코끼리의 독립적인 진화를 통해 생긴 공통 특성은 노인에게 영향을 미치는 질병을 이해하는 것과 관련될 수 있다. 노화와 관련된 코끼리의 특성뿐만 아니라 코끼리가 지닌 인지 능력, 정서적 복잡성, 강한 사회적 유대는 코끼리에 대한 비교 연구를 특히 매력적으로 만드는 요소이다. 코끼리는 상대적으로 수명이 길기에 암이나 인지 기능 저하와 같은 노화와 관련된 질병에 대응하기 위한 메커니즘을 진화시켜 왔을 수 있다. 또한 코끼리는 기억력에 크게 의존하므로 여러 수준의 경쟁 및 협력 관계에 참여할 수도 있다. 흥미로운 것은 암컷의 모계 친척과 그에 의존적인 새끼들은 무리의 사회적·생태적 지식의 주요 저장소 역할을 하는 나이든 어미를 중심으로 긴밀한 가족 단위를 형성한다는 점이다. 이들은 인간과 마찬가지로 사회적 유대감, 기억력, 인지 능력에 의존해 환경을 탐색하며, 이러한 행동은 뇌 해부학적 특수성과 관련이 있을 수 있다. 다른 포유류에 비해 코끼리의 해마는 비례적으로 작은 반면, 측두엽은 불균형적으로 크고 옆으로 확장되어 있다. 코끼리 소뇌도 상대적으로 크며 대뇌 피질은 인간보다 더 많은 뇌주름으로 매우 복잡하다고 알려져 있다.

그림 13. 코끼리

코끼리는 아프로테리아상목, 장비목, 코끼리과에 속하는 생물들을 총칭한다. 기다란 코와 큰 귀, 양 옆으로 튀어나온 상아가 특징이며, 현존하는 지상 최대의 육상동물이다.

그림 14. 다양한 코끼리들

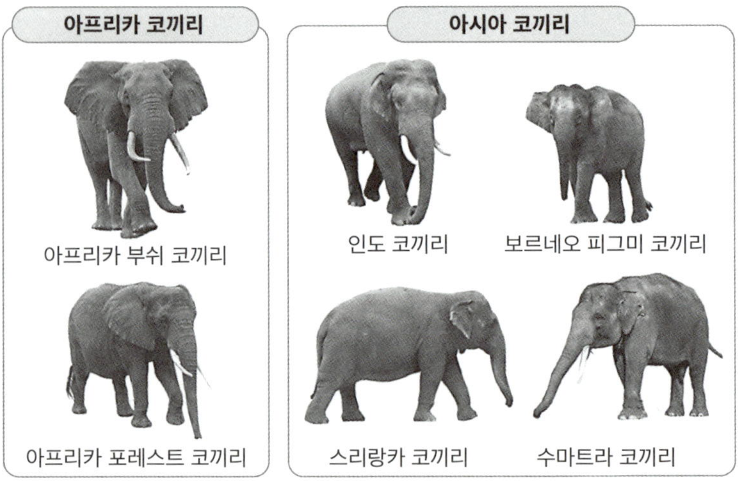

그림 출처: Animal Spot

코끼리만의 또 다른 흥미로운 특징은 TP53 종양 억제 유전자가 최소 20개 이상 존재한다는 점이다. 인간이 단 하나의 사본만을 가지고 있는 것과는 대조적이다. TP53은 DNA 손상에 대한 세포 반응을 조율하는 것으로 알려진 p53 단백질을 암호화하는데, TP53의 여러 사본의 효과는 아직 연구 중이지만 코끼리를 여러 노화 관련 질병으로부터 보호해 왔을 수 있다.

복잡한 사회적 유대감

코끼리 사회는 유동적인 헤어짐과 만남이 반복되는 곳으로, 매일 또는 계절에 따라 그룹 구성원이 바뀐다고 알려져 있다. 코끼리 사회의 중심에는 모계 친척과 그에 의존적인 새끼로 구성된 가족이 자리한다. 끈끈한 가족 구성원은 함께 이동하고, 먹이를 찾고, 의사 결정을 내리는 등 놀라운 협동심을 발휘한다. 가족은 때때로 함께 결합해 유대 집단을 형성하고 때로는 씨족이라는 추가적인 사회 계층을 형성하기도 하는데, 이는 사회적·생태학적 지식의 주요 저장소인 가장이 이끈다. 가장은 가족 전체의 생존에 대한 책임이 크고, 새끼는 사회적 지원, 생존, 학습을 위해 어미와 다른 가족 구성원에게 의존하며 생후 몇 년 동안 끊임없이 보살핌과 지도, 관심을 받는다. 암컷은 보통 평생을 태어난 무리와 함께 지내지만, 수컷은 평균 14세에 그룹을 떠나 모두 수컷으로만 구성된 소규모 무리에 합류한다고 한다. 인간과 같은 다른 사회적 종과 유사하게 코끼리에서도 사회성과 수명은 긍정적인 상관관계가 있다고 알려져 있다. 가장 나이가 많은 암컷(모계)은 가족 생존에 중요한 역할을 할 뿐만 아니라 새끼를 보호한다. 이에 할머니가 있는 그룹에서 새끼의 생존율이 높고, 무리 내 사회적 결속력도 잘 유지한다. 인지 기능 저하와 사회적 고립을 특징으로 하는 노화는 코끼리에게 흔하지 않은 것으로 보인다.

기억력과 인지 능력

코끼리는 인지 능력에 크게 의존하도록 진화해 왔다. 발표된 논문에 따르면 사회적으로 복잡한 네트워크 속에서 생활하는 것이 인지 능력 향상과 관련이 있으며, 인지 능력 향상을 촉진할 가능성도 높다고 알려져 있다. 의심할 여지 없이 코끼리는 장기 기억력, 시공간 기억력, 사회적 기억력이 뛰어나다. 아시아와 아프리카 코끼리 행동학 연구에서는 코끼리가 공간적 기억력과 에피소드 기억력이 뛰어나다고 본다. 코끼리는 직간접적인 경험을 통해 수백 마일에 걸친 복잡한 물리적·사회적 환경을 탐색한다고 여겨지는데, 어떤 연구에 따르면 코끼리는 보상 자극에 대한 장기 기억을 유지하고, 시야에서 벗어난 100마리 이상의 가족 구성원을 식별하고 찾을 수 있으며, 100km 이상을 이동할 수 있고 물웅덩이를 찾는 데 3년 이상을 쓸 수 있다고 한다.

코끼리는 또한 자기 인식, 협력, 애도, 공감 및 위로 등을 보이기도 한다. 코끼리는 놀라운 장기 기억력과 강한 사회적 유대감으로 인해 심리적 트라우마에 취약하다고 여겨진다. 코끼리는 슬픔, 애도, 사회화와 유사한 행동을 포함해 트라우마에 대응하는 과정, 의식, 사회 구조를 갖고 있지만, 인간이 코끼리에게 가하는 폭력의

규모와 특성은 코끼리가 이러한 방법을 활용하는 데 방해가 될 수 있으며, 때로는 코끼리에게 외상 후 스트레스 장애(PTSD)를 유발하기도 한다. 한 예로 남아프리카에서는 10대 고아 수컷 코끼리가 비정상적으로 폭력적인 행동을 보여 코뿔소 100마리 이상을 죽였다. 또한 PTSD를 앓던 수컷 코끼리가 해당 지역에서 전체 수컷 코끼리 사망의 90%를 차지한 반면, 상대적으로 스트레스를 덜 받는 지역에서는 6%에 불과했다. 어미 코끼리(때로는 가족 전체)가 죽는 것을 목격하고 살아남은 새끼 코끼리는 절망에 가까운 감정을 시각적으로 드러냈으며, 트라우마에 시달리는 고아 코끼리는 나중에 건강 문제가 발생하고 노화가 가속화될 가능성이 있으리라 추정된다. 앞서 살펴본 벌거벗은 두더지쥐의 경우처럼 서로 간의 사회적인 유대감은 코끼리가 장수하는 데 기여할 것이다.

뇌 크기와 구성

뇌 크기는 포유류의 특정 그룹에서 신체 크기, 사회성, 수명과 관련이 있다고 보인다. 평균적으로 뇌가 더 큰 종(절대적 크기와 신체 크기 대비)은 복잡한 정보를 처리하고 사용하는 능력이 더 뛰어나다. 진화 과정에서 프로보시데아(*Proboscidea*)[13]의 뇌화 지수(EQ)[14]는 현존하는 코끼리의 경우 약 2.0으로 10배 증가했기에, 코끼리의 뇌는 같은 몸집의 평균 포유류에서 예상되는 것보다 2배나 크다고 할 수

13 코끼리와 멸종된 코끼리를 통칭하는 포유류의 한 분류이다.

14 특정 종의 뇌가 주어진 신체 크기에 대한 일반적인 등척 척도에 의해 예상되는 것보다 얼마나 큰지를 나타내는 척도이다.

있다. 성체 코끼리의 뇌는 평균 약 5kg으로, 현존 및 멸종한 육상 포유류 중 가장 크며, 인간 뇌의 절대적 크기의 3배에 달한다. 두뇌가 크고 수명이 긴 종의 경우, 신경 활동을 촉진하기 위해 유산소 에너지 생산을 개선해야 할 필요가 있다. 인간과 코끼리의 뇌, 수명, 신진대사와 관련된 단백질 진화를 비교하면, 코끼리와 인간은 독립적으로 진화해 왔으며, 유산소 에너지 대사에 기능하는 미토콘드리아 단백질을 코딩하는 핵 유전자 사이에서 아미노산 치환율을 증가시킴으로써 기능을 개선해 왔다. 코끼리와 인간에서 보이는 단백질 구조의 적응적 진화는 반응성 산화종을 최소화해 DNA 손상을 줄이고 수명이 긴 뉴런을 보존하는 데 도움이 될 수도 있다.

코끼리는 유인원이나 심지어 인간을 능가하는 광범위한 기억 능력을 가지고 있기에 해부학적 뇌 구조와 장수의 관계를 조사하는 것이 중요하다. 예를 들어 코끼리 뇌의 대뇌 이랑(gyrus) 패턴의 경우 인간을 포함한 영장류와 육식동물에 비해 더 많고 복잡하지만 고래류에 비해서는 덜 복잡하다. 이는 피질 표면적과 두께를 고려할 때의 패턴이다. 코끼리는 대뇌 피질의 부피가 가장 크며, 고차원적인 뇌 기능에 관여한다고 여겨지는 넓은 영역이 있다. 또한 익숙하지 않은 시공간을 코딩하는 인지 지도의 형성과 유지에 중요한 역할을 하는 해마는 코끼리와 인간의 절대적인 크기가 비슷하다. 코끼리의 측두엽은 인간의 측두엽에 비해 불균형적으로 크며 측면으로 확장되어 있다. 코끼리의 소뇌는 진화 과정에서 현저한 편차를 보이는데, 대뇌 피질에 비해 뉴런이 증가하도록 특화되어 있다(코끼리의 뇌에 있는 2,570억 개의 뉴런 중 97.5%가 소뇌에서 발견된다). 인간의 뉴런은 많은 수의 짧은 가지와 수직 정단 수상돌기를 지닌 기저 수상돌기 나무를 가진 반면, 코끼리는 더 긴 기저 수상돌기 세그먼트와 V자 모양으로 분기하는 정단 수상돌기 배열을 가진다고 보인다. 이는 대뇌 피질이 정보를 처리하는 잠재적 차이를 시사하며, 코끼리가 뛰어난 장기적·시공간적·사회적 기억 능력이 있는 것도 여기서 비롯된다고 추정한다. 이러한 점에서 코끼리는 알츠하이머병과 신경 퇴화 연구를 하는 데 있어 매우 매력적인 동물로 여겨진다. 앞서 언급했듯이 고령의 모계가 있는 가족은 젊은 모계가 있는 가족보다 중요한 시공간적·사회적 정보를 기억하는 모계의 능력에 의존하기 때문에 더 연구 가치가 있을 것이다. 코끼리가 신경 퇴화를 늦추기 위해 보호 메커니즘을 진화시켰을 가능성은 있지만, 현재까지 코끼리가 알츠하이머병이나 치매와 유사한 신경 병리학적인 변화를 겪는지, 그리고 질병이 없는 정상적인 노화 과정에서 발생하는 신경 퇴화의 정도는 어떠한지에 대해 다루는 보고서는 발표되지 않았다.

유전학적 측면

코끼리가 수명을 연장할 수 있는 메커니즘은 "게놈의 수호자"로 알려진 종양 억제 유전자 TP53이 다른 종에 비해서 많이 존재한다는 데서 비롯된다. 인간은 TP53 유전자를 하나 가지고 있는 반면, 아프리카, 아시아 코끼리는 TP53 유전자를 각각 19~23개, 19~22개 가지고 있다고 추정된다. 참고로 매너티와 바위너구리(Rock Hyrax) 같은 다른 아프로테리아상목[15]은 TP53을 2개, 북극고래와 밍크고래는 각각 1개씩 가지고 있다. 재미있는 것은 여러 코끼리 TP53 유전자 중 단 하나만 다른 포유류와 구조가 유사한 것으로 보이며, 다른 유전자는 진정한 인트론이 없기에 레트로겐으로 보인다. 레트로겐은 온전한 코딩 프레임을 가지고 있고 기능성 단백질을 암호화한다는 점에서 슈도진들(pseudogenes)과 다르다. 실제로 일부 코끼리 TP53 레트로겐의 유전적 변이는 현존하는 코끼리종 모두에서 보존되어 있어서 TP53 레트로겐의 기능에 대한 일부 증거를 제공한다. 기능성 있는 TP53 유전자는 코끼리 혈통(및 일부 박쥐)에서만 나타나는 것으로 보인다.

p53(TP53 유전자로 암호화)은 전사 조절 인자인데, DNA가 손상되면 p53은 세포 주기 정지, 노화 또는 세포 사멸을 유발하거나 DNA 복구를 자극해 손상된 세포의 제거 또는 복구를 촉진하고 종양을 억제할 수 있다. 최근 보고된 바에 의하면 TP53은 DNA 손상 외에도 세포 스트레스에 대한 반응으로 활성화된다고 한다. 코끼리는 광범위한 수의 TP53 레트로겐으로 인해 DNA 손상에 대한 세포 사멸 반응이 강화되면서 크기와 수명에 비해 예상보다 낮은 비율로 암에 걸리는 것으로 추정된다. 흥미롭게도 p53은 암에 관여하는 것 외에도 알츠하이머병이나 노화에서 중심 역할을 하는 다른 부분과도 관련이 있기에, 코끼리는 암뿐만 아니라 일반적인 노화에서 p53의 잠재적인 보호 효과를 추가로 조사할 수 있는 특별한 기회를

15 금빛두더지, 코끼리땃쥐, 고슴도치붙이, 땅돼지, 바위너구리, 코끼리, 그리고 매너티 등을 포함하는 포유류의 분류군을 말한다.

제공할 수도 있다.

★ **코끼리에게 배울 수 있는 장수 비결**

- 코끼리와 인간 사이의 계통학적 거리에도 불구하고 코끼리는 장수, 사회성, 인지 및 기억력 진화의 융합에 있어 인간과 비교 연구를 진행하기에 적합한 종이다.
- 코끼리는 암, 알츠하이머병, 초기 생애의 불리한 경험과 관련된 동반 질환을 포함한 노화 질환을 밝힐 수 있는 동물 모델임에도 그동안 간과되어 왔다. 이 부분을 개발하는 일은 향후 연구 방향에 대한 큰 잠재력을 지니고 있다.
- 동물원이나 국가의 반포획 상태에서 인간의 보살핌을 받으며 살아가는 코끼리에 대한 종합적인 생애사 및 의료 기록이 존재한다. 이를 통해 삶의 경험과 건강 상태의 차이에 대한 후향적 분석과 조정이 가능하다. 또한 포획된 개체군과 반포획 개체군, 야생 개체군 등 서로 다른 환경에 사는 종을 비교할 수 있는 흥미로운 기회도 존재한다.
- 동물원은 전통적인 실험실 환경처럼 통제되는 공간은 아니지만 야생보다 인공적인 환경이기에, 반사육 개체군은 그 중간에 속한다고 할 수 있다. 반사육 코끼리는 수의학적 치료와 사료 보충을 받을 수 있지만 야생 코끼리 무리와 함께 돌아다니며 상호작용할 수는 없다. 이러한 환경과 사회적 접근성에 대한 차이는 노화의 생물학에 있어 외부 요인의 영향력을 파악하기 위한 종 내 다양한 비교 연구를 가능하게 한다. 코끼리 연구는 노화 연구에 새롭고 가치 있는 관점을 제공할 것이다.

5. 바다거북

바다거북(*Cheloniidae*)은 대해를 떠돌며 오랜 세월을 살아가는 동물이다. 그들은 오랫동안 지구에 존재하고 있으며, 자연환경에 매우 적응되고 견고한 생존 능력을 지닌다. 이에 바다거북의 장수에 영향을 미치는 다양한 특성과 비결을 알아보면, 그들로부터 배울 수 있는 점들을 찾게 될 것이다.

단단한 갑각(carapace)과 플라스트론(plastron)으로 보호받는 거북 중 대왕바다거북(Giant tortoises)은 100년 넘게 사는 경우가 많으며, 많은 바다거북종들이 이와 비슷한 수명을 가지고 있다. 갈라파고스 대왕거북(Giant Galapagos)과 알다브라 바다거북(Aldabra tortoises)의 게놈에는 DNA 복구, 염증 매개체, 텔로머레이즈, 영양분 감지 세포 억제에 대한 고유 유전자가 있으며, 가죽 바다거북(Leatherback turtles)은 텔로머레이즈가 매우 활성화되어 있다고 알려져 있다. 그러나 이러한 거대 거북은 사육 군집을 유지하는 데 어려움이 있기에 실험실 모델 생명체의 좋은 후보가 될 수는 없다. 다행히도 블랜딩거북(*Emydoidea blandingii*)과 페인트거북(*Chrysemys picta*)은 크기가 작아 실험실 연구에 적합하며 60년 이상 살 수 있기에 장수 연구에도 좋다. 더욱 중요한 것은 블랜딩거북과 페인트거북에 대한 장기적인 현장 연구(1953년 이후)가 존재한다는 점이다. 예를 들어 야생 붉은바다거북 개체군을 장기간 모니터링한 결과, 나이가 들면서 생식력이 감소하거나 사망률이 증가해 노화 징후를 보이지 않는다는 이전의 주장은 사실이 아님이 밝혀졌다. 그럼에도 바다거북은 장기간 이어지는 저산소증에 대한 여러 적응 방식을 통해 노화와 관련된 산화적 손상에 대한 저항력을 갖게 되었다고 알려져 있다. 많은 거북종은 잠수하거나 진흙 속에서 동면하는 등 저산소 상태에서 상당한 시간을 보낼 수 있고, 잠수 후 수면으로 올라오는 동안 미토콘드리아가 무산소 모드와 유산소 모드를 번갈아 가며 작동해야 하므로 더 많은 ROS를 생성한다. 하지만 거북은 글루타치온 환원 효소, 글루타치온 합성 효소, 글루타치온 전이 효소, 슈퍼옥사이드 디스뮤타아제, NF-kB, 지질 및 핵산 손상 복구 등 ROS를 정화하는 효소를 상향 조절함으로써 이 문제를 해결한다. 또한 거북은 ROS로부터 이온 채널을 보호하는 메커니즘을 가지고 있는데, 이는 인간의 노화 관련 신경 퇴행성 질환 연구에 적용할 수 있을 것이다.

거북의 내재적 암 위험 감소

종과 무관하게 비교적 일정한 암 유병률을 설명하기 위해서는 내재적 암 위험성을 종에 따른 신체 크기 및 수명의 변화와 함께 연구해야 한다. 예를 들어 거북을 포함한 동물원 파충류의 종양에 대한 100년간의 후향적 연구에 따르면, 서아프리카 진흙거북(*Pelusios castaneus*, 등딱지 길이가 최대 28cm)부터 가시바다거북(*Apalone spinifera*, 등딱지 길이가 최대 54cm)까지 다양한 크기의 거북 부검 490건에서 단 6개의 종양만 확인되었다. 이를 통해 거북에게는 암에 대한 저항성이 있는 내부 기작이 있을 거라는 추론을 할 수 있다.

거북 게놈에서 종양 억제 및 노화 방지 유전자 중복 확인

연구에 따르면 코끼리, 고래와 같이 몸집이 크며 암 저항성이 있는 동물은 종양 억제 유전자가 더 많이 진화했다. 이는 수명이 긴 거대 거북에서도 유사할 수 있다. 예를 들어 갈라파고스 대왕거북에 대한 연구에서 신체 크기 진화 및 암 위험 감소와 관련이 있는 경로에서 중복/복제된 여러 유전자를 확인했다. 갈라파고스 대왕거북 게놈과 다른 거북 게놈을 재분석해 유전자 중복을 식별하고, 최대 가능성 기반 조상 상태 재구성(ASR)을 사용해 유전자가 중복된 혈통을 확인한 것이었다. 그 결과 테스투딘(*Testudines*)의 줄기 계통에서 86개, 플레로디라(*Pleurodira*)의 줄기 계통에서 245개, 첼로노이디스 아빙도니(*Chelonoidis abingdonii*)의 259개, 고페루 사가시지(*Gopheru sagassizii*)의 201개, 테라페네 캐롤라이나(*Terrapene carolina*)의 273개, C. 픽타(*C. picta*)의 315개, 펠로디스코스 시넨시스(*Pelodiscus sinensis*)에서 270개의 유전자 증폭이 확인되었다.

대형 장수종에서 종양 억제 및 기타 노화 방지 유전자가 중복되는지 관찰한 이전 연구와 일관되게, 갈라파고스 대왕거북에서 진화적으로 향상된 신호 경로의 12%가 암 및 노화 생물학과 관련이 있는 반면, 다른 계통에서는 유전자 중복 중 향상된 신호 경로의 0~6%만이 암 및 노화 생물학과 관련이 있음을 발견했다. 또한 갈라파고스 대왕거북 유전자 복제 중 'IGF 수송 및 IGFBP에 의한 흡수 조절'에 관련된 유전자들이 크기 조절과 관련되어 있음을 관찰했다.

사막거북 특유의 유전자 중복은 다른 거북에 비해 암 생물학

그림 15. 거북

거북은 거북목에 속하는 파충류를 일컫는다. 거북 중에는 길이 250cm, 몸무게 800kg에 달하는 것도 있다. 거북은 현재 전 세계에 240여 종이 분포하는데, 한국에는 바다거북·장수거북·남생이·자라 등 4종이 알려져 있다. 거북류는 특수화된 피부와 내골격이 결합되어 있고, 등딱지가 있다는 점 등에서 다른 파충류와 구별된다(그림 출처: Pixabay).

및 노화와 관련된 경로에서 더 많이 나타났다. 예를 들어 사막거북의 경우 복제 유전자 중 9.4%가 암 및 노화 생물학과 관련되면서 갈라파고스 대왕거북보다는 적었지만 다른 거북의 혈통보다 훨씬 많았다. 암 및 노화 생물학과 관련이 있는 유전자는 '세포 부착 단백질의 아포토시스 절단', '전사 결합 뉴클레오티드 절개 복구(TC-NER)' 등 DNA 손상 및 복구와 관련된 것들이었다. 이러한 결과는 사막거북이 암 저항성과 장수에 기여할 수 있는 유전자 복제를 진화시켰음을 시사한다.

★ 바다거북에게 배울 수 있는 장수 비결

- 바다거북에게 생리학적 적응력, 우수한 수영 능력과 활동, 건강한 식단과 영양 섭취, 자기 방어와 안전한 번식지 선택, 환경 보전과 보호, 그리고 효율적인 에너지 소비 등을 배울 수 있다.
- 바다거북의 장수 비결을 우리의 일상에 적용해 건강하고 오래 사는 삶을 추구할 수 있다.

6. 박쥐

박쥐는 남극을 제외한 모든 대륙에 서식하는 포유류로 1,400여 종이 있다. 박쥐는 대부분 야행성이며 동굴, 우물, 다락방, 속이 빈 나무와 같은 '으스스한' 장소에 서식한다. 이 때문에 사람들은 박쥐에게 (잘못된) 악마의 특성을 부여하기도 했다. 많은 박쥐가 큰 무리를 이뤄 생활하는데, 이를 통해 바이러스 및 기타 병원균의 전파를 촉진하기도 한다. 박쥐는 먹이 습관이 다양하다. 많은 경우 날아다니는 곤충을 먹고 일부는 과일과 꿀을 먹고 육식성인 경우도 있다. 육식성 박쥐는 물고기와 작은 갑각류, 예를 들어 전갈을 잡아먹기도 한다. 피를 먹는 흡혈박쥐도 있다. 박쥐는 유일한 비행 포유류이며, 일부 종은 시속 100마일의 속도에 도달할 수 있는데 이는 지구에서 가장 빠른 것에 해당한다.

박쥐는 많은 생태계에서 중요한 역할을 한다. 식충성 박쥐는

그림 16. 박쥐

박쥐는 박쥐목 또는 익수목(*Chiroptera*, 翼手目)에 속하는 포유류를 총칭한다. 포유류 중 유일하게 날아다닌다(그림 출처: Pixabay).

해충을 포함해 많은 양의 곤충을 먹어 농작물 해충을 억제하고 농약 사용을 줄일 수 있도록 해준다. 또한 박쥐는 인간의 질병을 퍼뜨리는 모기를 먹는다. 많은 식물이 과일박쥐의 수분과 종자 분산에 의존하기도 한다.

박쥐의 가장 놀라운 특성 중 하나는 그들의 수명이다. 작은 갈색박쥐, 브란트박쥐, 귀박쥐, 인도 날개박쥐 등 많은 박쥐종의 최대 수명은 30~40년이다. 그 외 일부 박쥐종은 최대 수명이 약 20년인데, 그럼에도 해당 크기의 종으로서는 매우 긴 수명이다. 일반적으로 종의 최대 수명은 체중과 상관관계가 있어 큰 종이 더 오래 산다고 알려져 있다. 그러나 모든 박쥐는 포유류의 회귀선보다 위에 있으며 비슷한 크기의 다른 포유류보다 더 오래 산다.

앞서 언급했듯이 박쥐는 큰 밀집된 무리로 생활하며 수년간 한

곳에 머무른다. 이는 병원균을 전파하기에 이상적인 환경을 조성한다. 실제로 박쥐는 광견병(Rabies), 에볼라(Ebola), 마버그(Marburg), 니파(Nipah), 헨드라(Hendra) 바이러스를 포함한 많은 치명적인 바이러스의 조상 숙주로 여겨진다. SARS-CoV, MERS-CoV, SARS-CoV-2 등 코로나바이러스는 박쥐에서 유래했거나 박쥐에서 다른 종으로 전염된 후 인간에게 전염되었다고 추정된다. 놀랍게도 이러한 바이러스들은 박쥐에게는 전혀 해를 끼치지 않고 임상 증상을 유발하지도 않는다. 심지어 실험을 통해 일부 치명적인 바이러스를 박쥐에게 접종해도 경증 감염만 일으킨다. 그렇다면 박쥐가 그러한 감염을 견디고 동시에 인간에게 전염시키는 그 생물학적 메커니즘은 무엇일까?

박쥐는 종이 매우 다양하기 때문에 한 종에서 발견된 메커니즘이 모든 박쥐에 적용되지는 않는다는 점을 기억하는 것이 중요하다. 여기에서는 개별 종에 적용되는 이러한 적응과 공통적인 측면에 대해 살펴보겠다.

선천성 면역 반응은 바이러스에 대한 첫 번째 방어선이다. 세포는 패혈증 유발 분자 패턴(Pathogen-Associated Molecular Patterns, PAMPs)을 인식하는 Toll-like 수용체(TLRs) 같은 패턴 인식 수용체를 발현하는데, TLRs는 바이러스, 박테리아, 또는 기생충에서 유래하는 PAMPs를 인식하고 면역 반응을 유발하는 사이토카인의 발현을 유도하는 신호 전달 체계를 시작하는 것으로 알려져 있다. 면역 조절 사이토카인에는 인터페론(IFN)이 포함되며, 이는 다운스트림 유전자의 발현을 활성화해 바이러스 복제 억제 또는 감염된 세포의 사멸을 유도한다. 박쥐는 RNA 바이러스에 대해 강력한 인터페론 반응을 보이는데, 호주의 검은 날개박쥐(*Pteropus alecto*)에서 IFN 조절 인자7(IRF7)은 다른 포유류에 비해 더 넓은 범위의 조직에서 발현된다. 여러 박쥐종에서 IFN 조절 인자3(IRF3)은 하위 IFN 반응을 활성화하는 잠재적인 새로운 인산화 부위인 S185를 진화시켰으며, IFN-α를 항상 발현하기도 한다.

특이하게도 IFN-α는 다른 포유류에서는 광범위한 염증을 유발한다. 그러나 박쥐는 염증을 억제하는 독특한 적응을 진화시켰다. 박쥐는 인간이나 마우스와 비교했을 때 1차 면역세포에서 NLRP3 인플라마좀의 활성화가 크게 감소해 있었다. NLRP3은 세포 내 손상과 박테리아 또는 바이러스성 감염을 모두 인식하는 중요한 센서이다. NLRP3 과활성화는 염증 상태 및 연령 관련 질환과 관련이 있는데, 놀랍게도 과도하게 억제된 NLRP3 활성은 검은 날개박쥐와 식충성 박쥐(*Myotis davidii*) 같은 서로 먼 박쥐종에서도 동일하게 관찰되었으며, 이는 이것이 종에 걸쳐 공통된 메커니즘임을 시사한다. 큰 갈색박쥐(*Eptesicus fuscus*)와 인간의 신장세포를 바이러스 이중 가닥 RNA 대리물인 poly(I:C)로 처리한 결과, 두 종의 세포 모두에서 IFN-β의 발현이 유도되었지만, 인간 세포에서만 종양괴사 인자-α(TNF-α)가 발현되었다. TNF-α는 전신 염증에 관여하는 세포 신호 전달 단백질이다. 큰 갈색박쥐의 TNF 프로모터 분석을 통해 잠재적인 억제제 c-REL 결합 패턴을 찾았는데 그런 점에서 TNF-α의 하향 조절은 박쥐가 염증을 억제하는 또 다른 전략일 수 있다.

전체 게놈 시퀀싱은 c-REL과 NLRP3을 포함해 선천 면역과 관련된 여러 유전자가 검은 날개박쥐와 식충성 박쥐에서 과발현되고 있음을 발견했는데, 박쥐는 인터페론 자극 유전자(ISGs)의 고유한 집합을 발현할 수도 있다. 이 유전자 중 일부, 예를 들어 Myxovirus 저항1(Mx1)은 박쥐에서 양성 선택을 거쳐 인간 세포에서 발현될 때 바이러스 복제를 감소시킨다고 보고되었다.

박쥐는 RNA 바이러스에 강력한 반응을 보이지만 DNA 감지는 현저하게 떨어진다. 과일과 곤충을 먹는 박쥐를 포함한 10종의 박쥐에서 PYHIN(Pyrin and hematopoietic interferon-inducible nuclear (HIN) domain) 유전자군 전체가 누락된 것으로 밝혀졌는데, 이 유전자 군에는 세포질 DNA 센서 AIM2(Absent In Melanoma 2)와 IFI16(Interferon Gamma Inducible Protein 16)이 포함되어 있으며, 염증소와 IFN 경로를 활성화한다. AIM2는 세포질에서 박테리아와 숙주 DNA를 인식하고, AIM2 염증소를 형성해 염증성 사이토카인(IL-1β 및 IL-18)의 성숙을 매개한다. PYHIN 부위의 손실은 보편적인 특징으로 보이지만, 나머지 서열의 유전체 분석은 단일 조상에게서만 나타나는 게 아니라 유전자 손실로 이어지는 다양한 진화 과정임을 시사한다.

또한 박쥐는 STING(Stimulator of interferon genes) 의존성 IFN 활성화가 감소했는데, 세포질 DNA에 결합하면 cGAS[16]가 만들어져 STING을 활성화하고 358 아미노산 위치에 인산화된다. 인산화된

16 cGAS는 주로 세포질에 위치한다고 알려져 있으나, 방사선에 의한 DNA 손상 시 NLS(Nuclear Localization Sequence)에 의해 cGAS가 핵 내 위치해 DNA 복구를 저해한다고 보고된다.

STING은 결국 1형 IFN 반응을 유발한다. 모든 알려진 비박쥐 포유류 STING 단백질에서 S358 잔기가 절대적으로 보존되어 있지만, 30종의 박쥐를 분석한 결과 박쥐 STING 단백질 중 어느 것도 S358을 유지하지 않아 IFN 반응이 약화되었다.

박쥐 면역을 연구한 많은 연구 결과는 다소 역설적이다. 박쥐에서 발견된 면역 체계 대부분은 면역 반응을 활성화시키기보다 억제시킨다. 이를 통해 바이러스로부터 살아남기 위해서는 면역 체계를 강화해 바이러스와 싸우기보다 염증을 조절해 바이러스와 공존하는 게 더 중요하다는 점을 배울 수 있다. 그러지 않을 경우 염증성 사이토카인 폭풍을 유발해 발병을 악화시키고 사망률을 증가시킬 수 있다.

면역 체계뿐 아니라 자가포식도 박쥐가 바이러스와 싸우는 데 도움이 될 수 있다. 자가포식은 세포 내 단백질과 소기관을 파괴하고 재활용하는 것으로 손상된 단백질을 제거하고 바이러스를 제거하는 데도 도움이 될 수 있다. 검은 날개박쥐의 세포는 광견병과 관련된 호주 박쥐 리사 바이러스에 대한 저항성이 인간 세포보다 더 높다. 검은 날개박쥐 세포의 경우 기본적인 자가포식보다 능력이 뛰어나며 이는 고용량의 바이러스에 대한 반응으로 더욱 강화되었다.

박쥐는 왜 바이러스에 대한 내성이 뛰어난 것일까? 박쥐의 면역 체계의 독특한 진화는 비행에서 비롯된 것이라는 의견이 있다. 박쥐는 유일하게 날아다니는 포유류인데 비행은 활동의 급격한 증가, 체온의 빠른 상승에 대한 대사 적응을 필요로 한다. 동시에 박쥐는 잘못 접힌 단백질과 손상된 DNA 같은 분자 손상도 처리해야 한다. 이에 박쥐는 비행할 때마다 염증에 시달리지 않기 위해 염증 경로를 하향 조절했을 수 있다. 그러나 일반적으로 가장 빠르게 진화하는 유전자는 숙주-병원체의 무기 경쟁과 관련이 있다. 이 진화는 병원체의 존재에 의해 주도되며, 신체 구조의 주요 변화를 필요로 하는 비행과 같은 복잡한 기능의 진화보다 훨씬 빠르다. 우리는 박쥐 면역의 진화에서 가장 큰 원동력은 바이러스의 빠른 전파를 촉진하는 박쥐의 생활 방식이라고 추측한다.

많은 박쥐종이 거대한 군집에서 생활하며, 개체들은 휴식 기간 동안 동굴 천장이나 나무에 매우 가깝게 매달려 있다. 박쥐 군집의 크기는 몇 개체에서 수십만 개체까지 다양하다. 이는 대도시에 거주하는 인간을 제외하고는 포유류 중 밀도가 가장 높은 것이다. 더불어서 높은 이동성 및 먹이를 찾는 행동을 고려할 때 박쥐는 매우 다양한 바이러스에 노출될 수밖에 없다.

장수 적응

박쥐의 장수 특성은 매우 놀랍다. 제럴드 윌킨슨(Gerald S. Wilkinson)과 대니엘 애덤스(Danielle M. Adams)의 최근 연구는 다양한 박쥐종의 수명에 대한 재구성에 성공했는데, 그들은 조상박쥐종의 경우 비슷한 크기의 태반 포유류보다 2.6배 더 오래 살았을 가능성이 있다고 제안했다. 게다가 극단적으로 긴 장수도 박쥐종 분화 동안 적어도 네 번 발생했으며, 기록상 가장 오래된 박쥐인 브란트박쥐(*Myotis brantii*)는 41년을 생존했다고 알려져 있다. 이러한 발견은 장수가 우연이 아님을 시사한다. 장수는 박쥐에게 적합한 이점을 제공했거나, 장수를 유발하는 다른 표현형이 선택되었기 때문에 발생한 것이다. 그중 하나가 아마 억제된 면역 반응일 것이다.

박쥐의 장수 이유는 여전히 논쟁 중으로 과학자들은 진화적 생애사나 알려진 장수 경로를 테스트하는 분자 연구를 기반으로 가설을 개발 중이다. 박쥐는 새끼의 크기가 작아 포식자로부터 보호하기 쉽고, 비행 능력으로 포식자로부터 도망가는 게 용이하다는 특징이 있다. 또한 박쥐는 동면, 즉 저에너지 토르퍼(Torpor)[17] 상태에 들어갈 수 있는 능력이 있다. 토르퍼는 박쥐뿐 아니라 다른 종의 장수와도 관련이 있다. 동물을 기아에서 보호하거나 저체중 대사율 기간 동안 항상성 유지를 촉진할 수 있기 때문이다. 이는 동면의 유익한 점과 일치하는 것으로 회색 마우스 여우원숭이, 13줄 다람쥐와 같이 동면할 수 있는 다른 종은 비슷한 크기의 생쥐보다 수명이 더 길다. 윌킨슨과 애덤스의 연구에서 박쥐의 체질량, 동면, 동굴 생활은 박쥐의 수명과 관련이 있다. 특히 동굴 생활은 짐작하건대 박쥐에게 더 안전한 환경을 제공해 박쥐의 수명에 이점으로 작용한 것으로 볼 수 있다.

노화 조절 경로

유전체 연구는 박쥐 장수에 대한 몇 가지 단서를 제시했다. 예를 들

17 특정 생태 조건에서 일부 동물은 며칠이나 몇 주 동안 수면과 비슷한 형태를 취한다. 겨울잠이 대표적이다. 생물학자들은 동물들의 이러한 상태를 무기력, 일명 토르퍼라고 한다.

어 브란트박쥐와 다른 몇몇 종의 게놈에는 세포막의 기능을 방해할 수 있는 GH 수용체 유전자의 돌연변이가 발견되었다. 이 돌연변이는 인간의 당뇨와 암을 보호하고, 마우스의 장수와 관련이 있다고 알려져 있다. 실제로 박쥐는 GH 수용체 결손 마우스와 유사한 생리학적(예: 췌장 구조) 및 전사체학적 변화를 갖는다. IGF 수용체의 세포막 영역에도 흥미로운 변화가 있는데, 이는 다양한 모델 유기체와 장수하는 인간과 관련이 있다. 이 2가지 호르몬 신호 전달 경로는 영양 신호 중 하나인 노화의 가장 강력한 기둥과 밀접하게 관련이 있다. 26종의 박쥐 게놈 데이터와 벌거벗은 두더지쥐, 그리고 다양한 다른 포유류의 게놈 데이터를 비교한 더 광범위한 연구에서는 GH 수용체와 IGF 수용체에서 각기 다르게 게놈 변화가 발견되었고 두 유전자에서 모두 긍정적인 증거는 발견되지 않았다. 이를 통해 장수는 부분적으로 다른 유전적 차이와 관련된다고 추측할 수도 있다.

게놈 유지

게놈 유지는 중요한 장수 보장 메커니즘이며 노화에 있어 또 다른 기둥으로 인정받고 있다. 자유롭게 서식하는 큰 귀박쥐(*Myotis myotis*)의 혈액 샘플에 대한 8년간의 종단 연구에서 지샤 황(Zixia Huang) 박사 그룹은 큰 귀박쥐의 DNA를 수리하는 세포경로 및 DNA 손상 신호 전달 경로가 다른 종에 비해 활성화되어 있으며, 이는 박쥐 종의 낮은 암 발병률과 일치한다고 보고했다. DNA 수리 경로 중 DNA 이중 가닥 절단 수리는 장수와 가장 강한 상관관계를 보이는 데, 놀랍게도 ATM, Rad50, Lig4, DNA-PK, Ku80 및 BRCA2와 같은 여러 DNA 이중 가닥 절단 수리 유전자들은 두 종의 박쥐에서 과발현되는 것으로 나타났다. 또한 DNA-PK 및 Rad50과 같은 일부 DNA 수리 유전자는 선천성 면역 반응에서 DNA 센서 역할을 한다. 따라서 박쥐에서 진화된 유전적 변화는 두 과정을 동시에 조절할 수 있으며 선천성 면역 반응은 양성 선택의 진화적 동인일 수 있다. 그러나 DNA-PK 및 Rad50에 대한 양성 선택이 면역 센서로서 그들의 활동을 증가시키거나 감소시키는지 여부를 테스트하기 위한 추가 연구가 필요하다. 이러한 변화는 STING 신호 전달을 약화시키거나 대안적으로 박쥐에서 DNA 감지 능력을 더욱 감소시킬 수 있기 때문이다.

미토콘드리아 기능

미토콘드리아 기능 장애는 진화 스펙트럼에서 노화의 특징으로 자리하며, 노화를 일으키는 또 다른 강력한 기둥이다. 박쥐의 비행은 향상된 미토콘드리아 호흡 대사를 필요로 한다. 이는 과도한 산화 손상을 유발한다고 예상되지만 박쥐는 더 효율적인 미토콘드리아를 진화시켜 산소 1단위당 과산화수소수 생성량을 줄였다. 박쥐 섬유아세포는 단백질에 대한 산화 손상이 적고 급성 산화 스트레스에 저항하는 것으로 나타났다. 생체에는 항산화제에 대한 제한된 데이터가 있는데, 과산화물 생성 효소(SOD) 수치는 뇌에서 유사하게 보고되었지만 심장에서는 더 높은 수준으로 나타나는 경향이 있다고 한다. 다른 연구에서는 수명이 다른 두 박쥐를 비교해 수명이 더 긴 종(*Desmodus rotundus*)이 짧은 수명의 대조군(*Myotis velifer*)보다 여러 조직에서 항산화 활성이 더 높다는 것을 발견했다. 이것은 DNA 손상이 감소한 것과 일치했다.

박쥐는 산화 스트레스 시 단백질의 정체성을 유지하기 위해 높은 수준에서 주요 열충격 단백질(Heat Shock Protein)을 발현한다. 이것은 박쥐가 비행과 함께 높은 온도를 견디고, 나이를 먹는 만큼 단백질 항상성을 유지하도록 허용할 수 있다. 박쥐는 또한 나이가 들수록 향상된 자가포식 활성을 보이며, 이는 그들의 세포가 손상된 단백질과 세포기관을 더 잘 제거할 수 있음을 시사한다. 후자의 발견은 더 높은 수준의 대식세포를 감지하는 박쥐 섬유아세포의 연구와 일치하며 향상된 자가포식은 앞에서 설명한 바와 같이 박쥐에게 바이러스에 대한 향상된 보호 기능을 제공하기도 한다.

증가된 미토콘드리아 산화 스트레스는 mtDNA 변화, 즉 이종플라스마를 생성하리라 예상한다. 이는 손상된 미토콘드리아의 더 나은 복구나 제거를 시사하기도 한다. 최근의 한 연구는 ATP를 소비하는 인산화 효소를 미토콘드리아 막에 테더링함으로써 미토콘드리아 막 잠재력을 제한하는 시스템이 ROS의 생산을 제한하는 메커니즘일 수 있다고 제안하기도 했다. 이 시스템은 나이가 든 박쥐에서는 사라지지만 세바짧은꼬리박쥐(*Carollia perspicillata*, Seba's short-tailed bat)에서는 유지되는 것을 보여 주었다.

박쥐는 나이가 들면서 포유류에서는 일반적으로 관찰되지 않는 만성 염증과 관련된 유전자의 상향 조절이 억제된다. 이것은 위에서 논의된 바이러스 감염으로 인한 염증을 억제하기 위해 진화한

다수의 메커니즘에서 비롯된 것이라고 생각한다. 마이크로바이옴 연구는 마이오티스 근염이 나이에 따라 상당한 변화를 겪는 생쥐나 인간과 대조적으로 박쥐의 경우 시간이 지나도 변하지 않는 안정적인 마이크로바이옴 조성을 가질 수 있음을 시사한다. 노화와 관련된 장내 미생물이 염증을 유발하기 때문에 박쥐가 안정적인 마이크로바이옴을 유지하는 능력은 노화와 관련된 염증 부족에 영향을 주거나 반대로 낮은 수준의 염증은 더 안정적인 마이크로바이옴을 촉진할 수 있다. 한 가지 주요한 질문은 박쥐의 나이에 따른 세포 노화가 얼마나 발생하는지에 대한 것이다. 포유류가 노화하는 동안 세포 노화가 만성 염증의 주요 원인이 될 수 있기에 박쥐종에서 세포가 나이에 따라 노화하는지 여부를 결정하는 것이 중요하다. 생체 내 및 세포 배양에서 이 문제를 해결하기 위한 심층 연구가 필요할 것이다.

노화의 다른 특징 중 텔로미어 감소는 박쥐의 경우 제한된 범위에서 다루어졌으며 그 결과도 엇갈렸다. 수명이 짧은 박쥐종인 관박쥐(*Rhinolophus ferrumequinum*)와 구부러진 날개 박쥐(*Miniopterus schreiberii*)는 텔로미어 단축을 보여 주지만, 가장 수명이 긴 종인 큰 귀박쥐에서는 증거가 발견되지 않았다. 큰 귀박쥐는 분명 텔로머레이즈를 발현하지 않지만 텔로미어 유지 및 텔로미어 경로의 대안적 연장과 관련된 유전자의 차등 발현을 나타낸다. 후생유전학적 변화, 세포간 의사소통, 성체 줄기세포 소진 등 노화의 다른 측면에 대해서는 아직 해결되지 않은 채 남아 있어 추가 연구가 필요하다.

염증과 장수

바이러스로부터 박쥐를 보호하기 위해 진화한 메커니즘의 대부분이 박쥐의 수명에 기여할 가능성이 높다. 박쥐는 NLRP3 인플라마좀 활성의 저하, TNF 신호의 저하, 세포질 DNA에 대한 저하와 같은 염증을 퇴치하기 위한 다양한 전략을 진화시켜 왔다.

염증은 심혈관 질환, 암, 알츠하이머병, 당뇨를 포함한 다양한 연령 관련 병리의 동인으로 부상했는데, 이로 인해 염증이라는 개념이 정의되었다. 염증은 선천 면역계의 만성적인 생리적 자극의 장기적인 결과이며, 노화 과정에서 손상을 입힌다. 염증을 유발하는 요인에는 바이러스, 마이크로바이옴 박테리아, 노화 세포, 그리고 세포 DNA와 단백질을 포함한 잔해와 같은 세포 손상의 자가 생산물이 포함된다. 이러한 요인들로 인한 염증을 줄이면 장수에 이로울 수 있다.

박쥐 진화는 특히 세포질 DNA 감지 메커니즘을 약화시킨 것으로 보인다. 세포질 DNA 센서는 바이러스의 침입으로부터 세포를 보호하기 위해 진화해 왔다. 바이러스가 세포질 DNA의 유일한 원천은 아니며, mtDNA는 흑색종2(AIM2) 및 cGAS에 없는 TLR9와 같은 패턴 인식 수용체에 의해 인식될 수 있으며 IFN 반응의 활성화를 유발할 수도 있다. mtDNA 관련 인플라마좀 활성화는 동맥 경화증 및 황반변성과 같이 나이와 관련될 수 있다. mtDNA가 세포질로 방출되는 것은 신경 변성 및 파킨슨병과 관련이 있다. 흥미롭게도 Parkin- 또는 Pink가 부족한 생쥐에서는 활동을 통해 mtDNA 방출이 촉진되는 동시에 INF-α 수용체를 차단하거나 STING 구조 염증을 제거하는 특징이 나타났다. 산화적 손상과 소포체 스트레스와 같은 다른 유형의 미토콘드리아 스트레스도 mtDNA의 방출을 초래할 수 있다. 따라서 향상된 미토콘드리아 유지와 위축된 세포질 DNA 감지를 나타내는 박쥐는 연령과 관련된 조건으로부터 보호받을 수 있을 것이다.

최근 연구들은 핵 DNA가 노화와 세포 노화 동안 세포질 속으로 들어갈 수 있다는 것을 증명했는데, 노화 세포에서는 염색체 DNA의 단편이 세포질로 배출되기도 한다. 게다가 핵 DNA는 내인성 기생충을 대체 가능한 요소의 형태로 포함하며, 그중 일부는 과거의 바이러스에서 유래했다고 알려져 있다. 긴 간격의 핵 원소(LINE1s)는 인간 게놈의 17%를 구성하는 역치환이 가능한 원소로 역전사 효소를 인코딩하고 RNA 중간체를 포함하는 복사 및 붙여넣기 메커니즘을 통해 전치한다. 최근 연구들은 인간과 쥐의 노화된 조직에서 LINE1이 탈억제되어 전사가 증가하고, 이어서 LINE1의 세포질 DNA 사본이 역전사 및 형성된다는 것을 보여 주었다. 이러한 세포질 DNA는 cGAS/STING(cyclic GMP-AMP synthase/Stimulator of interferon genes)[18] 경로의 활성화를 통해 IFN 반응을 유발해 연령과 관련된 멸균 염증의 새로운 경로를 제공하기도 한다. cGAS/STING 경로는 또한 세포 노화와 관련이 있으며, 노화를 세포질 DNA와 더욱 연결시킨다. 노화 외에도 역전사가 가능한 요소의 활성화와 DNA에 대한 반응성은 인간의 다양한 자가면역

18 감염, 세포 스트레스 및 조직 손상 환경에서 염증을 유발하는 주요 매개체이다.

상태와 관련이 있다고 알려져 있다.

놀랍게도 박쥐는 DNA 대체 가능 요소를 견딜 수 있는 방식이 독특하다. DNA 트랜스포존은 DNA 중간체를 포함하는 잘라내기 및 붙여넣기 메커니즘을 통해 게놈에서 이동한다. 이러한 트랜스포존은 무척추동물에서 발견되지만 일반적으로 비활성화되고 포유류의 게놈에서는 화석화되어 있다. 오직 애기박쥐과(Vespertilio) 박쥐만이 상당한 수준의 활성 DNA 치환 가능 요소를 지닌다고 알려져 있다. 박쥐과는 가장 장수하는 박쥐를 포함하는 윗수염박쥐속을 포함하며 여러 맥락에서 논의되는데, 이는 이 동물들이 유난히 건강하다는 것을 시사한다. 활성 DNA 트랜스포존을 견딜 수 있는 능력은 위축된 세포질 DNA 감지와 관련될 수 있다.

최근 cGAS/STING 센서가 노화 및 노화 관련 질병과 관련이 있다는 증거가 늘어나고 있다. 마우스 모델에서 STING 결핍은 프리온 유도 신경 변성 및 신경 염증을 완화시킨다. DNA 손상 신호에 관여하는 ATM 키나아제의 돌연변이로 인한 조기 노화 증후군인 모세혈관 확장성 운동 실조 증후군(Ataxia-Telangiectasia, A-T)은 방사선 감수성 및 신경 퇴화가 특징이다. A-T 환자와 Atm-/동물 모델 모두 혈청 수준에서 대조군 피험자보다 염증 유발 사이토카인 및 기타 염증 유발 표지가 더 높았다. A-T에서의 신경 염증은 STING과 AIM2의 활성화와 관련이 있으며, STING 억제는 신경 독성 사이토카인의 과잉 생산을 차단한다. PYHIN 유전자 계열은 여러 박쥐 계통에서 완전히 소실되었다. PYHINs는 신경 염증 중 성상세포와 신경교세포에서 상향 조절된다고 보고되지만, 노화 및 노화 관련 병리학에서 PYHIN 유전자 패밀리의 역할은 더 자세히 탐구할 필요가 있다.

NLRP3 인플라마좀 활성 저하

NLRP3은 caspase-1을 활성화해 염증성 사이토카인 처리를 매개한다. NLRP3 인플라마좀은 비만, 제2형 당뇨, 알츠하이머병을 포함한 대사 및 인지 질환과 관련이 있다. IL-18은 인플라마좀 활성화의 산물로서, 죽상 동맥 경화의 개시 및 진행에 영향력을 행사할 수 있다. 여러 연구에 따르면 NLRP3 및 caspase-1 결핍 마우스는 고지방 식단에 노출되었을 때 포도당 내성 및 인슐린 민감성이 더 커지며, 이는 제2형 당뇨에서 NLRP3의 중요성을 암시한다. 놀랍게도 생쥐에서 NLRP3 인플라마좀의 억제는 건강 범위를 확장하고, 뇌와 말초 조직에서 여러 연령 관련 퇴행성 변화를 약화시킨다. NLRP3이 부족한 생쥐는 파킨슨병 발병에 내성이 있다. 이러한 연구들은 나이와 관련된 염증을 조절하는 상류의 대상으로 NLRP3 인플라마좀을 제시하고, NLRP3 활동을 낮추면 염증에 의해 구동되는 여러 연령과 관련된 질병이 지연되어 박쥐의 장수에 기여한다는 점에서 인간의 장수와 건강 수명 연장의 표적으로 기능할 수 있다고 본다.

박쥐는 염증 자극에 반응해 위축된 TNF-α 발현을 보인다. TNF-α는 다양한 질병 조건과 관련이 있다. 다양한 연령 관련 질병과 관련된 활성이 강화되며, 비만 관련 인슐린 저항성에 직접적인 역할을 하기도 한다. TNF-α의 활성화는 동맥 경화증, 알츠하이머병, 헌팅턴병, 파킨슨병, 근위축성 측삭경화증, 골관절염이 진행되는 데 관여한다고 보고된다. 다양한 조건에 의해서 감소된 TNF-α 반응은 박쥐의 장수에 기여할 수 있는 것이다.

병원체와의 지속적인 경쟁에서 진화적 적합성은 기능적인 면역 체계를 필요로 한다. 하지만 고도로 활동적인 면역 체계는 어린 나이에는 체력을 키우지만 수명을 제한할 수도 있다. 한 가지 예로, 어린이의 병원체 저항성은 향상시키지만 노인의 치매 및 죽상 동맥경화 위험은 크게 늘리는 것과 관련된 인간의 APOE ε4 대립 유전자가 있다.

그렇다면 박쥐가 장수에 유리한 방식으로 면역 체계 기능을 조정할 수 있었던 이유는 무엇일까? 박쥐는 바이러스 병원체에 유난히 많이 노출되어 있어서 바이러스와 싸우기보다 바이러스와 공존하는 쪽으로 진화했다고 추측한다. 박쥐는 군체의 크기와 밀도, 그리고 장거리 비행 능력에서 포유류 중 유일하게 병원체 노출을 더욱 늘리는 특성이 있다. 이와 비슷하게 대도시에 살면서 항공 여행을 즐기는 현대인들은 더 많은 바이러스에 노출되어 있을지도 모른다. 하지만 박쥐가 6,000만 년에서 7,000만 년 전부터 진화해 온 반면, 인간은 이러한 생활 방식을 즐긴 지 아직 100년 미만이기에 바이러스에 대한 진화가 적절히 이루어지지 않았을 것이다. 더불어서 인간 면역 시스템이 자가면역 질병의 증가와 전염병에 민감해지면서 나타날 수 있는 다양한 바이러스에 대한 빈번한 노출에 대처하기 위해 진화한 것은 아니라고 추측한다. 그러므로 인간이 박쥐의 경우처럼 바이러스와 공존하는 방식으로 진화하기까지는 오랜 시간이 걸릴 것이다. 그럼에도 인간은 약리학의 개발·개입을 통해 바이러스에 대처하고 대비해 인간의 수명을 늘릴 수 있다.

앞서 언급한 것처럼 박쥐에서는 TNF-α 신호 전달이 억제되며, 인간에서는 항TNF-α 치료제가 류마티스 관절염, 건선, 궤양성 대장염, 크론병 등의 다양한 자가면역 질환에 성공적으로 쓰이고 있다. 항TNF-α 치료제는 일반적으로 TNF-α 또는 TNF-α 수용체에 대한 단일 클론 항체로, 효과적으로 염증을 완화하고 조직 파괴를 방지하며 환자 사망률을 감소시킨다고 알려져 있다. 항TNF-α로 치료받은 관절염 환자들은 또한 심혈관 질환이 개선되었는데, 이는 TNF-α 억제가 연령 관련 질병에 더 광범위한 이점을 제공할 수 있음을 시사한다.

박쥐에서는 NLRP3 인플라마좀이 비활성화되어 있다. 인간에게 NLRP3이 비정상적으로 활성화될 경우 다양한 노화 관련 질환이 나타날 수 있다. 더불어 생쥐실험의 경우, 염증 상태를 완화시키는 몇 가지 직접적인 NLRP3 억제제가 발견되었다. 이런 억제제들을 이용해 알츠하이머병, 파킨슨병 및 심혈관 질환과 같은 노화 관련 질환을 치료하기 위해 효능 및 안전도가 많이 개선된 새로운 억제제가 개발되고 있다.

박쥐는 상대적으로 약한 cGAS/STING 경로를 보여 준다. 최근 약물 개발이 진전을 이루면서 이 2가지 단백질을 정확히 표적화하는 억제제들이 보고되고 있다. 이러한 분자들은 인간과 마우스 세포 모두에서 STING 매개 염증성 사이토카인 생산을 감소시켰고 마우스 모델에서 염증 조건을 개선하는 데 효과적이었다. 더불어서 cGAS 억제제도 개발되고 있는데, 이것은 우선 자가면역 상태의 지료를 위함이지만 궁극적으로는 노화 및 노화 관련 질병을 위한 치료법의 개발이기에 관심을 가질 필요가 있다.

오래되고 널리 사용되는 몇 가지 약물이 cGAS를 약화시키는 것으로 밝혀지기도 했다. 여기에는 아스피린과 말라리아 치료제 퀴나크린, 클로로퀸이 포함된다. 이러한 발견은 박쥐에서 억제된 cGAS/STING 표적 경로가 인간에게 건강상의 이점을 제공한다는 생각을 뒷받침한다. 아스피린은 심혈관 질환 위험을 줄이기 위해 소량으로 널리 사용 중이며, 소량의 아스피린 복용은 대장암의 발생을 줄인다고 보고되기도 한다. 또한 아스피린은 수컷 쥐에서 수명을 약간 연장시키는데 인간이 동일한 효과를 보기 위해서는 더 많은 연구가 요구된다. 노화 세포는 염증을 촉진함으로써 다양한 연령 관련 질환의 발달에 기여하는 것으로 나타났다. 이와 관련해 박쥐의 세포 노화에 대해서는 거의 알려져 있지 않다. 다만 노화는 cGAS를 필요로 하고, 박쥐는 cGAS/STING 신호를 감쇠시키기 때문에 박쥐에서는 노화가 약화된다고 추측할 수 있다.

★ 박쥐에게 배울 수 있는 장수 비결

- 박쥐는 치명적인 질병의 근원이자 최근 유행병을 일으킨 SARS-CoV-2와 유사한 바이러스를 보유하기에 이를 연구해 볼 수 있다. 또한 박쥐는 나이와 관련된 질병을 치료하고 수명을 증진시키는 새로운 치료법을 개발하는 경로를 조명할 수 있게 해주기에 인류에 많은 것을 제공할 수 있다.
- 박쥐의 변화된 선천 면역 반응에 대한 연구는 몇몇 종류의 작은 분자들을 대상으로 삼는데, 그중 일부는 노화와 관련이 있다. 하지만 박쥐가 염증

을 어떻게 다루는지에 대해서는 아직 빙산의 일각만 볼 수 있기에 더 많은 연구가 필요한 상황이다.

- 박쥐에게서 나타나는 노화의 다른 특징도 마찬가지이다. 인간에게 테스트할 수 있는 박쥐의 특정 경로를 목표로 삼는 작은 분자를 찾는 일 외에도, 박쥐의 특정 변화를 설계하고 이것이 수명과 건강 기간을 향상시키는지 여부를 결정하는 작업이 중요하다.
- 박쥐의 진화는 바이러스 감염 및 비행 기간에 수반되는 극적인 대사 상태에 대한 반응 선택의 2차적인 결과일 수 있지만, 궁극적으로 더 길고 건강한 삶을 경험하는 데 성공적인 방식으로 진화해 왔다.
- 인간은 오랫동안 박쥐와 유사한 생활 방식을 유지해 왔다. 현재 우리는 고밀도로 살고 있고, (우리 중 많은 사람이) 병원체를 노출 및 확산시키며 광범위하게 여행한다. 따라서 박쥐 연구를 통해 우리는 21세기의 가장 중요한 2가지 의학적 도전 과제인 바이러스 유행병의 증가와 노화의 가장 위험한 요인인 만성질환을 해결할 수 있을지도 모른다.

7. 새

박쥐와 비슷하게 새(*Aves*)는 크기가 비슷한 포유류 종과 비교했을 때 오래 산다고 알려져 있다. 예를 들어 북부 풀마(*Fulmarus glacialis*)는 체온, 포도당 수치 및 대사율이 높음에도 불구하고 50년 이상 수명이 길다. 이는 단위 산소 소비량당 낮은 ROS 생성과 낮은 산화적 손상 수준에 의해 부분적으로 설명할 수 있다. 또한 미토콘드리아 복합체I의 활성 감소 및 요산 대사에 기인한다고 추측할 수 있는데 이는 혈중 요산 수치가 높아지면 자연적인 산화 방지제 역할을 하기 때문이다. 요산은 요소에 비해 독성이 낮고 요소보다 수분 보존력이 높으며, 똑같은 몰수를 배출할 때 배출되는 질소 양이 요소의 약 2배라 요소보다 효율성이 높다. 이에 주로 물을 구하기 힘든 환경에서 사는 곤충, 조류 등에게서 나타난다. 포유류는 요산을 알란토인(allantoin)으로 변환시켜 배설하지만 조류는 요산분해 효소인 우리카아제(uricase)가 없기에 요산이 질소 대사의 최종 산물로 배설됨으로써 통풍으로 발전할 중요한 잠재성을 지닌다.

심혈관 해부학, 내온성, 높은 기초대사 및 인지 능력 측면에서 조류와 포유류는 많은 부분 유사함에도 이 특성은 계통적으로 멀리 떨어진 두 그룹에서 수렴해 진화했다고 할 수 있다. 조류와 포유류는 비슷한 연령 관련 감소와 병리학적 특성을 지니지만 생식 노화와 관련해서는 다르다. 예를 들어 일부 조류는 노화해도 여전히 번식이 가능한 경우가 많은데 포유류는 나이가 들수록 번식 능력이 감소하는 경향을 보인다. 이런 차이는 아마 조류들은 외부 수정을 통해 번식하기에 내부 생식기관의 노화가 포유류보다 덜한 데서 비롯됐을 것이다. 또한 포유류와 대조적으로 암컷 조류는 수컷과 비슷하거나 부분적으로 수명이 짧으며, 조류 339종을 대상으로 한 폭넓은 연구에서는 조류의 뇌 크기가 체질량과 무관하게 장수와 상관관계가 있음이 입증되었다. 이는 더 큰 뇌에 의한 행동 유연성 향상으로 외인성 사망률 감소를 예측하는 가설을 뒷받침한다.

난태생 척추동물인 새는 배아의 성장과 발달에 대한 호르몬 기능 연구에 널리 사용 중이기도 하다. 왜냐하면 알은 일단 낳으면 어미로부터 거의 독립적이고 폐쇄적인 시스템을 보이기 때문이다. 예

그림 17. 앵무새

앵무새는 앵무목에 속하는 새를 총칭한다. 앵무새는 지능이 높고 계산 능력과 탐색 능력이 뛰어나다고 알려져 있다. 뿐만 아니라 외형이 아름답고 색이 고와 많은 이들이 반려동물로 삼기도 한다. 연구자들에게 연구 대상으로서도 선호도가 높은 편이다(그림 출처: Pixabay).

를 들어 갑상선호르몬을 난자에 직접 주입해 호르몬에 의한 성장, 발달 및 노화에 미치는 영향을 검사할 수 있다. 텔로미어 반복 단축의 연간 속도는 수명이 긴 새의 경우 수명이 짧은 새보다 느린 것으로 나타났다. 이는 많은 조류종의 더딘 노화를 비교적·서술적·결정적 연구에 이용할 수 있음을 보여 준다.

새 중에서 특히 앵무새는 수명이 길다. 멸종위기에 처한 앵무새종인 파란머리 아마존(*Amazona aestiva*)과 다른 조류 30종의 유전자를 비교 분석한 결과, 장수와 관련된 유전자들이 확인되었다. 텔로머레이스 활성, DNA 손상 복구, 세포 증식 조절, 암, 면역 및 항산화 메커니즘을 포함한 다양한 세포 기능에 관여하는 것들이었다. 또 다른 장수 새인 사랑앵무새(*Melopsittacus undulatus*)는 단명하는 일본 메추라기(*Coturnix japonica*) 및 생쥐에 비해 산화적 손상에 더 저항적이라고 알려져 있다. 사랑앵무새와 메추라기 둘 다 사육과 번식이 쉬워서 실험에 매우 적합하다.

막스플랑크동물행동연구소(MPI-AB)가 진행한 연구에 따르면, 이러한 특성은 다른 특성에 의해 발생했을 가능성이 있다. 연구자들은 앵무새 217종을 조사해 진홍색 마코 앵무새와 유황 볏 앵무새와 같은 종의 평균 수명이 최대 30년으로 매우 길다는 사실을 밝혔다. 그러면서 긴 수명의 원인이 상대적으로 큰 뇌 크기라고 보고했다. 이 연구는 앵무새의 뇌 크기와 수명 사이의 연관성을 처음으로 밝힌 것으로, 향상된 인지 능력이 앵무새가 위협을 탐색하고 더 오래 사는 데 도움이 되었을 수 있음을 시사한다. 하지만 긴 수명, 복잡한 인지 능력, 뇌 크기가 영장류와 비슷하다는 점이 서로 영향을 준 것인지에 대해서는 아직 알려지지 않았다.

MPI-AB의 박사 과정 학생이자 왕립 학회 회보 B에 게재된 연구의 주저자인 시메온 스밀(Simeon Smeele)은 '문제는 양질의 데이터를 소싱하는 것'이라고 했다. 적절한 표본 크기를 생성하기 위해 MPI-AB와 막스플랑크진화인류학연구소(MPI-EvA)의 연구자들은 동물원과 수족관의 동물 기록을 활용하는 스피시즈360(Species360)[19]

19 인간이 돌보고 있는 야생동물의 온라인 데이터베이스를 유지관리하는 국제 비영리조직이다.

과 협력했다. 그들은 함께 1,000곳 이상의 동물원에서 가져온 13만 마리 이상의 개별 앵무새로부터 데이터를 수집했고, 이 데이터베이스를 통해 앵무새의 알려진 모든 종의 절반 이상인 217종의 평균 수명에 대한 신뢰할 수 있는 최초 추정치를 얻었다. 분석 결과, 앵무새 수명의 다양성이 밝혀졌다. 무화과 앵무새의 평균 수명은 2년이고 호주산 유황 볏 앵무새의 평균 수명은 25년, 주홍 금강앵무의 평균 수명은 30년에 이르렀다. 이후 연구자들은 앵무새의 인지 능력이 수명에 어떤 영향을 미쳤는지 분석하기 위해 대규모 비교 분석을 진행해 2가지 가설을 내놓았다. 첫째, 상대적으로 더 큰 뇌가 더 긴 수명을 가능하게 한다는 것이다. 즉, 더 똑똑한 새가 야생에서 문제를 더 잘 해결할 수 있으므로 더 오래 살 수 있다. 둘째, 상대적으로 큰 뇌는 성장하는 데 오래 걸리므로 더 긴 수명이 필요하다는 것이다. 각 종의 뇌 크기, 평균 체중 및 발달 변수에 대한 데이터를 수집한 후 데이터를 결합하고 각 가설에 대한 모델을 실행해 데이터를 가장 잘 설명할 수 있는 모델을 확인했다. 그 결과 커진 뇌 크기가 앵무새의 수명을 연장시켰다는 첫 번째 가설을 설명할 수 있었다. 신체 크기에 비례한 뇌 크기는 지능의 지표가 될 수 있기 때문에 비교적 큰 뇌를 가진 앵무새는 야생에서 사망에 이를 수 있는 문제를 해결할 수 있는 인지 능력을 갖추며, 이를 통해 더 오래 사는 게 가능할 것이라고 밝혔다.

★ **새에게 배울 수 있는 장수 비결**

- 새는 비슷한 크기의 포유류에 비해 체온, 포도당 수치, 대사율이 높지만, 단위 산소 소비량당 ROS 발생량이 낮고 산화 손상 수준이 낮다. 이는 장수 요인의 일부로 설명할 수 있다.
- 새는 미토콘드리아 복합체의 활동이 감소하고 요산 수치가 증가할 때 이것이 천연 항산화제 역할을 한다.
- 일부 조류는 포유류와 달리 노년기에도 생식 능력을 유지한다.
- 인지 능력이 뛰어나다고 알려진 앵무새는 환경을 탐색할 때 높은 지능을 바탕으로 판단해 잠재적으로 수명 연장에 기여할 수 있다.
- 앵무새의 사회성 및 문화 학습이 수명 연장에 기여했는지 여부를 조사하는 것은 흥미로운 일이다. 뇌 크기와 장수의 관계에 대한 연구를 진행하는 데 앵무새가 좋은 모델이 될 것이다.

8. 장수 어류

장수 어류(Long-lived bony fish)는 자유롭게 살아가는 척추동물의 노화를 연구하는 데 훌륭한 후보이다. 그 이유는 다음과 같다. 첫째, 장수 어류는 척추동물 중 가장 수명이 긴데 이는 노화 속도가 느리다는 것을 시사한다. 둘째, 어류는 다른 척추동물에는 없는 단단한 내부 구조(예: 이석)를 사용해 정확하게 노화를 측정할 수 있다. 마지막으로 원시 어류는 전체 척추동물의 약 절반을 차지하므로 척추동물의 진화와 생활사를 이해하는 데 매우 중요한 역할을 한다.

그림 18. 큰입 버팔로

큰입 버팔로는 북미에 서식하는 물고기로 불리는 이름이 다양하다. 조롱박물고기, 대리석물고기, 붉은입물고기, 버팔로피쉬, 버나드물고기, 둥근머리물고기 또는 갈색물고기 등이 그것이다(그림 출처: Wikimedia Commons).

장수 어류 중 큰입 버팔로(*Ictiobus cyprinellus*, Bigmouth buffalo)는 19세기 이후 미국에서 상업적으로도 중요한 역할을 한 물고기였다. 21세기에는 미시시피강 상류에서만 어업의 가치가 연간 미화 100만 달러를 초과하기도 했다(Great Lakes Mississippi River Interbasin Study(GLMRIS), 2012). 큰입 버팔로는 여러 나라에서 성공적으로 번식해 대중화되었다. 1971년에는 러시아와 우크라이나로, 이후 저수지와 연못에서 널리 사육되었다. 큰입 버팔로는 2019년에 전 세계적으로 알려진 약 1만 2,000마리의 민물 경골 어류 중 가장 오래 사는 종으로 확인되었다. 최근 발표에 따르면 큰입 버팔로는 거의 한 세기 동안 살았음에도 불구하고 여러 생리적 시스템에서 무시할 수 있는 노화 기작을 보인다고 한다.

오클랜드 대학교의 사우어(Derek J. Sauer) 박사 연구팀은 노화에 관여한다고 예상되는 여러 생리 시스템에 대한 연령의 상재석 영향을 조사했다. 호중구 대 림프구 비율(NLR)이라는 스트레스 반응의 한 측면, 면역 기능, 인간과 많은 동물에서 노화에 따라 짧아지는 것으로 보이는 염색체의 보호 말단 캡인 텔로미어의 길이 등 노화의 중요한 메커니즘으로 예상되는 여러 생리적 시스템과 나이 사이의 관계 등이다. NLR은 나이가 들면서 증가하는 경우가 많은데, 이는 스트레스 요인에 대처하는 능력이 조절되지 않기 때문일 수 있다. 그러나 사우어와 동료들은 나이가 많은 큰입 버팔로가 젊은 큰입 버팔로보다 NLR이 낮다는 것을 발견했다. 이는 나이가 많은 물고기가 만성 스트레스를 더 적게 경험하고 젊은 물고기보다 더 효율적인 스트레스 반응과 더 큰 체력을 가질 수 있음을 시사한다.

또한 박테리아 살상 능력(물고기가 박테리아를 죽이는 속도)이 나이가 들수록 좋아지면서 90세 이상의 큰입 버팔로에서는 면역 체계의 노화가 관찰되지 않는 모습도 보였다. 연구진은 이 종의 텔로미어 길이가 나이가 들수록 감소한다는 증거도 발견하지 못했다. 현재 큰입 버팔로에 대한 연구는 주로 교잡 및 육종 촉진, 배아 발달, 미토콘드리아 전체 게놈 분석에 초점을 맞추고 있으며, 환경오염 스트레스, 약물 내성, 생활사 및 생태학 및 인구 활동에 대해서도 연구가 진행 중이다. 현재까지 확인된 최장수 민물 경골어로서 큰입 버팔로에 대한 연구적 가치가 점점 더 분명해지고 있으며 관련 연구도 점차 강화될 예정이다.

★ **큰입 버팔로에게 배울 수 있는 장수 비결**

- 큰입 버팔로는 NLR이 낮고 면역 기능이 뛰어나지만 텔로미어가 짧아졌다는 증거가 아직 발견되지 않았다.
- 이러한 결과는 장수하는 이 물고기의 여러 생리적 지표가 나이가 들면서 감소하기보다 오히려 개선된다는 생각과 일치한다.
- 또한 이것은 다른 척추동물에서 관찰된 연령과 관련된 노화 패턴과 모순되는 것으로 큰입 버팔로의 노화 속도가 무시할 수 있는 수준임을 시사한다.
- 장수 척추동물의 면역 체계가 연령 관련 패턴에 어떤 영향을 미치는지에 대해 잘 이해하기 위해서는 더 많은 연구가 필요할 것이다.

제7장

장수하는 무척추동물들

1. 붉은 성게

붉은 성게(*Mesocentrotus franciscanus*, Red sea urchin)는 가시로 덮인 작고 둥근 무척추동물이다. 오리건 주립대학교에서 진행한 연구에 따르면 성게는 캘리포니아에서 알래스카에 이르는 북미 연안의 얕은 바다에 서식하며 해양 식물을 먹이로 삼는다. 또한 성게는 성장이 빠르고 수명이 최대 10년 정도라고 여겨졌으나, 더 자세히 연구하면서 성게가 매우 느리게 성장하고 포식자, 질병 및 어부들을 피할 수 있다면 일부 지역에서는 수세기 동안 생존할 수 있다는 사실을 알게 됐다. 2003년 저널 『피셔리 불리튼(Fishery Bulletin)』에 발표된 연구에 따르면 워싱턴과 알래스카 연안에서 발견된 붉은 성게는 100년 이상 살 수 있으며, 캐나다 브리티시컬럼비아주에서 가장 오래 사는 개체는 200세 정도일 수 있다고 보고되었다. 아직 노화와

그림 19. 붉은 성게

붉은 성게는 알래스카에서 바하칼리포르니아까지 북동 태평양에서 발견된다. 보통 얕은 바다에 서식하며 다시마를 구할 수 있는 바위가 많은 해안에서 살아간다(그림 출처: Pexels).

염기서열 분석으로 인간과의 유전적 관계를 밝혀내지 못했다는 점을 고려했을 때 성게는 인간에게 근본적인 장수 메커니즘을 조사할 수 있는 기회를 제공할 것이다.

노치 신호 전달 체계(Notch signaling)는 인접한 세포 간의 통신을 통해 세포의 운명을 제어하기 위해 다세포 생명체가 사용하는 진화적으로 보존된 메커니즘이다. 인간의 경우, 노치(Notch) 신호는 젊은 대조군에 비해 노년 남성의 근육 조직에서 발현이 감소하기에 근골격계 유지에 필수적인 것으로 알려져 있다. 노치 신호와 노화 사이의 관계는 복잡하고 아직 완전히 밝혀지지 않았으나 노치 관련 유전자의 돌연변이는 알츠하이머병과 같은 여러 노화 관련 신경 퇴행성 질환과 연관이 있다고 알려져 있다. 성게 중 하나인 보라성게(*Strongylocentrotus purpuratus*)에서는 근육, 신경, 식도 조직에서 노치 신호 전달 경로 관련 유전자의 발현이 증가된다고 밝혀졌고, 이것은 나이가 들어도 재생 잠재력을 유지한다고 여겨진다. 노치 신호는 성게의 절단된 관발[1]의 재생에도 관여하는 것으로 알려져 있다. 또한 노화와 관련된 텔로미어 길이를 유지하는 현상은 장수하는 성게인 붉은 성게와 단년생 성게인 푸른 성게(*Lytechinus variegatus*) 모두에서 관찰되었고, 평생 텔로머레이즈가 활성화되어 있는 다른 성게종인 시추성게(*Echinometra lucunter*)에서도 보고되었다. 다양한 해양 무척추동물에서도 종양이 발생하며 텔로미어 길이의 단축이 암을 예방하는 보호 메커니즘으로 제안된다. 그러나 붉은 성게에서는 종양이 거의 나타나지 않았다.

★ 붉은 성게에게 배울 수 있는 장수 비결

- 붉은 성게는 초기에 성장 속도가 빠르고 수명이 최대 10년인 것으로 알려져 있었다. 그러나 추가 연구를 통해 매우 느리게 성장하며 특정 지역에서는 수세기 동안 생존할 수 있다는 사실이 밝혀졌다.
- 붉은 성게는 느린 성장과 잠재적인 수명을 갖고 있어 근본적인 장수 메커니즘을 조사할 수 있는 기회를 제공하리라 기대한다.
- 근육, 신경, 식도 조직에서 노치 관련 유전자의 발현이 늘어나 노년기 재생 잠재력을 유지하는 데 기여한다고 추정된다.

1 극피 동물의 수관계에 붙은 발을 말한다. 대롱과 같이 생긴 발을 자유롭게 놀려 몸을 이동하고 숨을 쉰다.

- 장수와 관련된 텔로미어 길이 유지는 여러 성게종에서 관찰된다.
- 다양한 해양 무척추동물에서 종양이 발생하지만 성게, 특히 붉은 성게는 종양 발생이 미미한 것으로 나타났다. 이는 장수 비결 중 하나로 생각할 수 있다.

2. 민물 진주 홍합

이매패류로 연체동물인 민물 진주 홍합(*Margaritifera margaritifera*, Freshwater pearl mussel)은 주로 유럽과 북미의 강과 하천에 서식한다. 세계자연기금에 따르면 가장 장수한 민물 진주 홍합은 280세인 것으로 알려져 있다. 긴 수명 덕분에 이 종은 장수에 기여하는 유전적 및 생리적 메커니즘을 연구하는 데 유용할 수 있다. 현재까지 밝혀진 연구에서는 최대 기록 연령이 28~40세인 스페인 남부 6개 개체군과 최대 연령이 114~190세인 러시아 북서부 3개 북극 개체군을 비교했는데, 북극 개체군에서 홍합의 40%는 자연 그대로의 강에서 100년 이상 살고 있었다. 북방 장수의 진화적 의미는 경사가 심한 강의 혹독한 추위와 불안정한 환경에 대한 적응일 가능성이 높으리라 본다. 겨울 동안 홍합은 극지방의 밤 동안 거의 굶주리며, 얼음 형성으로 인해 껍질이 손상되기도 한다. 또한 여름에는 주기적인 가뭄으로 인해 몸이 노출되고 건조해지는데, 이러한 역경에 대응하기 위해 껍데기를 회복하고 조직을 치유하며 재생하는 효과적인 메커니즘을 습득했으리라 추론한다. 북부 개체군은 신진대사율이 낮

그림 20. 민물 진주 홍합

민물 진주 홍합은 마가리티페라과에 속하는 수생 이매패류 연체동물로 현재 멸종위기에 처해 있다(그림 출처: Wikimedia Commons).

아 정상 및 극한 조건에서 성장을 위한 에너지 소비를 줄이지만, 조직 재생과 자가 치유를 위해 대사율을 높일 수도 있다. 국제자연보전연맹에 따르면, 민물 진주 홍합은 서식지의 훼손과 변화 등으로 인해 개체 수가 감소하고 있다.

★ 홍합에게 배울 수 있는 장수 비결

- 홍합은 주기적인 가뭄으로 인해 여름철 건조에 노출되는 등 어려운 환경에 대응하기 위해 껍데기 회복, 조직 치유 및 재생을 위한 효과적인 메커니즘을 개발했다.
- 홍합은 대사율을 낮춰 극한 환경에 적응할 수 있다. 또한 조직 재생과 자가 치유를 위해 대사율을 높일 수도 있다.

3. 튜브웜

튜브웜(*Escarpia laminata*, Tube Worm)은 해저에 서식하는 무척추동물이다. 미국 우즈홀해양학연구소의 다이브 앤 디스커버 웹사이트에 따르면, 튜브웜의 튜브 속 박테리아는 화학물질에서 당분을 만들어 먹이로 흡수한다고 한다. 또한 하와이 대학교에서 운영하는 유체지구 탐험 웹사이트에 따르면 일부 튜브웜은 열수 통풍구 주변에 서식하지만, 가장 오래 사는 종은 해저가 균열된 부분이나 균열에서 화학물질이 분출되는 콜드 시프(Cold Seep)[2]라는 더 차갑고 안정적인 환경에서 발견된다고 한다. 2017년『네이처』에 발표된 연구에 따르면 멕시코만의 콜드 시프종인 튜브웜은 수심 1,000~3,300m의 해저 통풍구 근처에서 서식하며, 이 통풍구는 튜브웜의 먹이인 박테리아의 먹이가 풍부한 화합물이 스며드는 곳이다. 2006년 생물학자들은 자연 서식지에 살고 있는 356마리의 튜브웜을 정해 1년 후 얼마나 성장했는지 측정했다. 연구진은 다양한 크기의 튜브웜의 나이를 추정하기 위해 1,046마리의 튜브웜을 관찰한 결과를 바탕으로 출생률과 사망률 추정치, 그리고 튜브웜의 연평균 성장률을 시뮬레이션했다. 이를 바탕으로 연구진은 이 종의 평균 수명이 100~200년이라고 계산했지만, 일부 큰 튜브웜은 300년 이상 살 수도 있다고 한다. 튜브웜은 신진대사가 느리고 자연적 위협을 거의 받지 않기

2 해수 웅덩이의 형태로 황화수소, 메탄 및 기타 탄화수소가 풍부한 유체가 스며 나오는 해저 영역을 말한다.

그림 21. 튜브웜

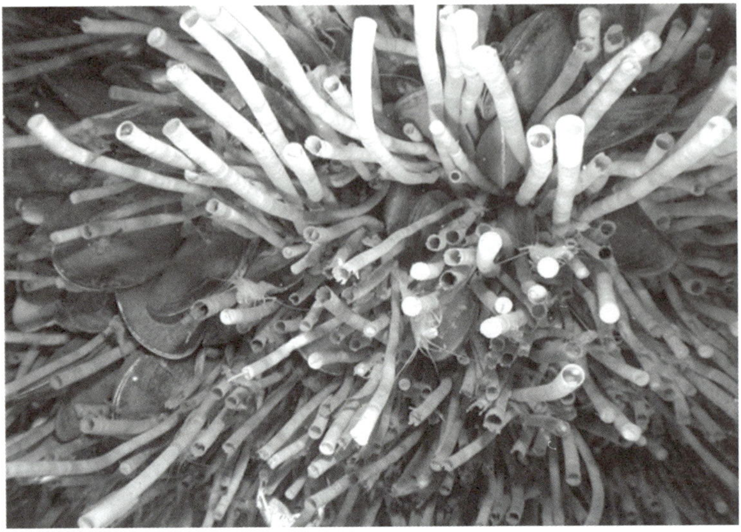

튜브웜은 꼬리를 수면에 고정하고 몸 주변에 미네랄 튜브를 분비한다(그림 출처: Pixabay).

에 오래 살 수 있었으리라 생각된다.

> ★ **튜브웜에게 배울 수 있는 장수 비결**
>
> 느린 신진대사와 자연적 위협이 적은 점은 튜브웜이 오래 사는 데 기여했으리라 짐작한다. 이는 수명 주기의 연장으로 인한 진화적 이점을 시사한다.

4. 백합조개

백합조개(*Arctica islandica*, Ocean Quahog)는 많은 지역에서 서식하며 식용이 가능하다. 이 종은 다른 이매패류인 민물 진주 홍합보다 훨씬 오래 살 수 있다고 알려져 있다. 영국 웨일스 국립박물관에 따르면 2006년 아이슬란드 해안에서 발견된 대왕조개 한 마리는 507살이었는데, 이 고대 조개는 명나라가 중국을 통치하던 1499년(1368~1644년)에 태어났다고 해서 명(Ming)이라는 별명을 받았다. 웨일스 국립박물관의 무척추동물 생물 다양성(이매패류) 큐레이터인 안나 홈즈(Anna Holmes)는 2020년 박물관 웹사이트에 다음과 같이 기술했다. "아이슬란드 주변의 차가운 바다에서는 신진대사가 느리기 때문에 천천히 자라며 507년 이상을 살 수도 있지만 과학자들이 아직 그보다 더 오래된 것을 찾지 못했을 뿐이다."

한 연구에 따르면 4세부터 192세까지 사는 다양한 동물의 경우 성장과 성 성숙 단계를 포함한 첫 25년 동안 항산화 효소가 급격히 감소했지만 이후에는 150년 이상 안정적으로 유지된다고 보고됐고, 심장에서 산화적으로 손상된 단백질의 수준은 120세까지 큰 변화가 없었다. 하지만 백합조개는 특히 수명이 짧은 포유류와 비교했을 때 매우 높은 단백질체 안정성을 가지고 있었다.

또 다른 연구에 따르면 백합조개는 여러 스트레스 요인에 대한 반응으로 전체 프로테옴이 증가하지 않는 것으로 나타났고, 백합조개의 극단적인 최대 수명은 텔로미어 길이와는 무관한 것으로 나타났다. 즉, 텔로미어 길이의 연령에 따른 변화는 없었으며 개체군

그림 22. 백합목

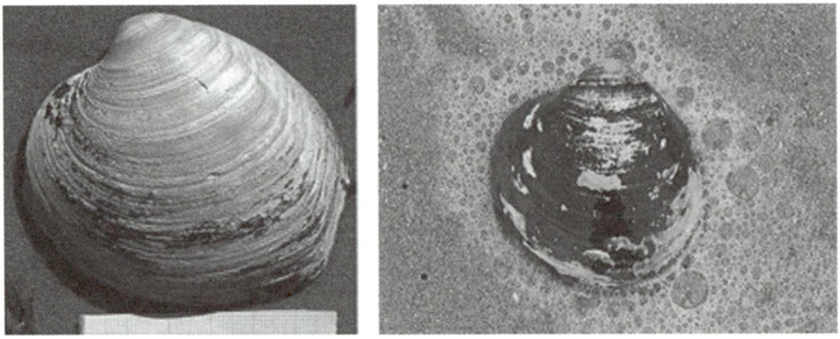

백합목은 이매패류에 속한다(그림 출처: Wikimedia Commons).

과 조직 간에도 큰 차이가 나타나지 않았고, 텔로머레이즈 활성 역시 매우 이질적이며 연령이나 개체군 서식지와 상관관계가 없었다. 4가지 노화 관련 손상 마커(단백질 산화, 지질 산화, 핵산 산화, 단백질 안정성)를 측정한 연구에서는 나이가 들수록 핵산 산화만 축적된다고 보고되었다. 백합조개는 성숙 후 노화를 최소화하고 체세포 생산을 최대화하는 것이 장수를 위한 전제 조건으로 보인다. 여기에서 세포 항산화제가 중요한 역할을 하는 것으로 여겨진다. 아마 백합조개의 지속적인 퇴적물 파고들기와 수면 위로 떠오르는 행동은 대사율 저하를 유도할 뿐만 아니라 반복적인 저산소증-재산소화 스트레스를 겪으며 항산화 능력을 강화하는 데 도움이 되며, 이는 백합조개의 수명이 최대 500년이라는 점을 증명하는 역할을 할 것으로 보인다. 더 자세한 연구가 필요하지만, 이 종은 노화를 무시하며 살아가는 종으로 확인된다.

★ **백합조개에게 배울 수 있는 장수 비결**

- 백합조개는 에너지 소비를 최소화하고 생존에 필요한 에너지를 효율적으로 사용하는 능력을 지닌다. 이러한 저소비 생활 방식을 통해 장수가 가능할 수 있다.
- 백합조개는 부상을 입거나 환경 변화에 대응하기 위한 자가 수리 및 조직 재생 능력을 갖추고 있으며, 이는 생존 능력을 유지하는 데도 중요하다.
- 백합조개는 수백만 년 동안 변화하는 환경에 적응하며 생존 능력을 강화해 왔다. 오랫동안 진화해 온 것이 장수를 가능케 한 요인 중 하나일 수 있다.

5. 산호

산호(Coral, 珊瑚)는 화려한 수중 암석이나 식물처럼 보이지만 실제로는 폴립이라는 무척추동물의 외골격으로 이루어져 있다. 폴립은 지속적으로 증식하고 유전적으로 동일한 복제본을 만들어 스스로를 대체하며, 시간이 지날수록 외골격 구조가 점점 더 커진다. 산호는 단일 생명체가 아니라 여러 개의 동일한 생명체로 구성되어 있으므로 산호의 수명은 팀워크를 통해 결정되는 것에 가깝다고 할 수 있다. 심해 검은 산호는 가장 오래 사는 산호 중 하나로 하와이 해안에서 발견된 검은 산호 표본은 방사성 탄소 연대 측정 결과 4,265년이 된 것으로 밝혀졌다. 최근 산호초 산호에서 노화의 추정 분자 지표가 발견되었다. 많은 대형 산호종은 연령(600년 이상)이 상당하지만, 일부 나이든 구성원이 환경 스트레스를 받으면 치명적인

그림 23. 산호

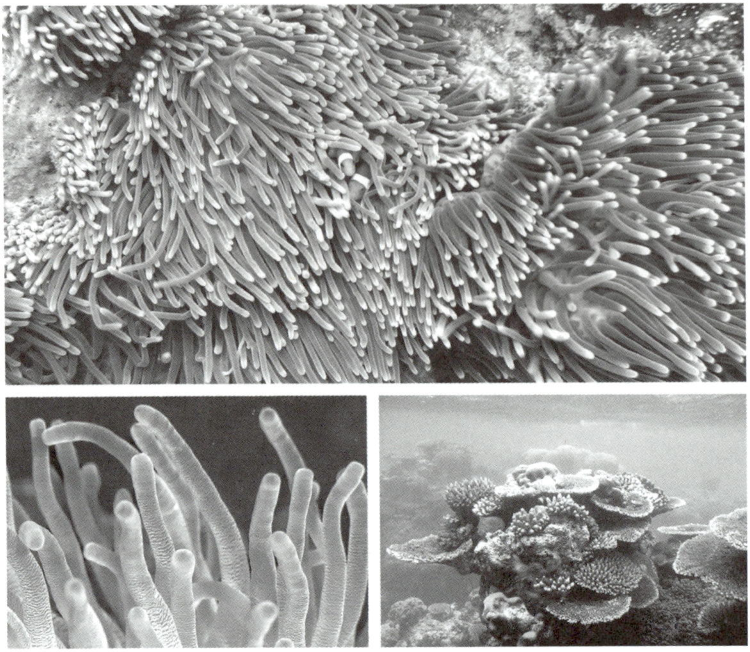

산호는 자포동물문 산호충강에 속하는 동물이다. 산호는 군체가 모여 산호초를 형성하는 군체동물이다. 일반적으로 바다맨드라미아강 또는 팔방산호아강(八放珊瑚亞綱)에 속하는 빨간산호·연분홍산호·흰산호 등을 가리키며, 넓게는 말미잘아강 또는 육방산호아강(六放珊瑚亞綱)에 속하는 석산호류·각산호류·토규류(菟葵類)와 히드로충류에 속하는 의산호류(擬珊瑚類) 등도 포함된다(그림 출처: Pixabay, Wikimedia Commons).

사망률을 보여 수명이 훨씬 더 짧은 종도 있다고 알려져 있다.

산호의 노화를 시사하는 다른 연구에서는 번식력 감소, 산화 스트레스 및 질병에 대한 감수성 증가, 재생 잠재력 감소, 성숙한 군집의 성장률 감소 등을 보여 준다. 또 다른 연구에서는 산호초를 만드는 두 산호속(屬)의 텔로미어 DNA 길이를 분석해 장단기 수온

체계가 태평양 전역의 군집 간 변이의 핵심이라는 사실을 밝혀냈다. 주목할 만한 점은 연구 대상인 두 속 사이에 차이가 있다는 것이다. 수명이 짧고 스트레스에 민감한 포실로포라(*Pocillopora* spp.) 군집은 주로 계절적 온도 변화에 의해 텔로미어 DNA 길이가 결정되는 반면, 수명이 길고 스트레스에 강한 포라이트(*Porites* spp.) 군집은 계절적 패턴에 민감하지 않고 열 이상에 영향을 받는 것으로 나타났다. 이 결과는 진화적으로 먼 두 산호속 간의 텔로미어 DNA 길이 조절에 특정 생활사 특성을 나타내는 현저한 차이가 있음을 보여 준다. 이를 통해 우리는 환경적으로 조절되는 텔로미어 유지 메커니즘이 생명체의 수명과 관련이 있으며, 기후 변화가 건강에 영향을 미치는 가장 중요한 문제라고 생각할 수 있다.

산호는 산호초에 존재하는 탄산칼슘 외골격을 통해 개별 폴립의 발달과 나이, 군집의 연간 성장 기록을 추적할 수 있다. 이는 산호초 산호를 이용한 노화 연구에서 중요한 장점이 될 것이다. 산호는 노화의 초기 진화를 연구할 유용한 모델이다. 그리고 환경 스트레스가 다른 유기체의 노화에 미치는 영향이 증가하면서, 산호초 시스템에 대한 생태학적 영향 연구의 한 요소로서 산호초 노화에 대한 관심과 연구를 위한 중요한 모델이 될 것이다.

★ 산호에게 배울 수 있는 장수 비결

- 외부 골격을 가진 폴립으로 구성된 산호는 지속적으로 증식하고 스스로를 교체해 시간이 지날수록 점점 더 큰 골격을 갖게 된다.
- 산호는 단일 개체가 아닌 집단적 유기체이며, 그렇기에 산호의 수명은 팀워크를 통해 결정될 것이라 추측한다.
- 포실로포라와 포라이트 두 산호속 텔로미어 DNA 길이를 분석한 결과, 단기적인 온도 변화와 장기적인 열 영향에 따라 텔로미어 길이 조절에 상당한 차이가 있는 것으로 나타났다. 환경적으로 조절되는 텔로미어 유지 메커니즘은 생명체의 수명에 영향을 미치는 것으로 알려져 있기에, 이를 이해하는 것은 기후 변화에 따른 건강을 평가하는 데 매우 중요할 것이다.
- 산호초의 탄산칼슘 외골격은 개별 폴립의 발달, 나이, 연간 성장 기록을 추적할 수 있어 산호의 노화 연구에 매우 유용하다.
- 산호는 노화의 초기 진화를 연구하고 환경 스트레스가 다양한 유기체의 노화에 미치는 생태학적 영향을 이해하는 데 유용한 모델이다.

6. 히드라

작은 담수 무척추동물인 히드라(Hydra)는 재생 생물학자들에게 유용한 모델 생명체이다. 그리스신화에 나오는 뱀의 이름을 딴 이 작은 해파리 같은 생물은 머리가 잘릴 때마다 2개의 새로운 머리가 자란다. 즉 생물학적 불멸의 열쇠를 게놈 코드 안에 담고 있다. 히드라는 줄기세포가 지속적으로 재생되는 상태로 존재한다는 점에서 독특하다. 이 생명체는 안전하게 격리된 상태로 유지되면 노화

그림 24. 히드라

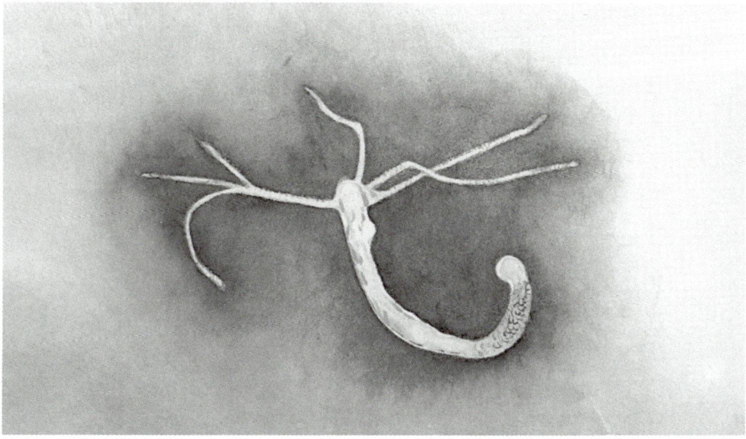

히드라는 히드라속에 속하는 종으로, 온대 기후 지역에 널리 퍼져 있다. 이른 봄부터 늦은 가을까지 고여 있는 물에서 흔히 발견된다. 몸통은 대롱 모양이고 여러 개의 촉수가 달려 있다. 먹이는 주로 물벼룩으로 촉수를 이용해 물벼룩을 기절시켜 입으로 밀어 넣어 섭취한다.

의 징후를 보이지 않는다. 실험실 밖에서 이들이 직면하는 유일한 위협은 포식자, 극심한 날씨, 질병뿐일 것이다. 회복력이 뛰어난 히드라는 절단된 신체 부위를 재생해 살아남을 수 있고, 히드라를 여러 조각으로 자르면 각 조각이 새로운 히드라가 된다. 하나를 합치면 세포 수프가 되고, 원심 분리기를 사용해 세포를 뭉치면 세포가 재조직화되어 결국 새로운 히드라가 형성된다.

UC 데이비스 생명과학대학 분자 및 세포생물학과 셀리나 줄리아노(Celina Juliano) 교수와 동료들은 히드라 줄기세포를 조사해 생명체의 재생 능력과 수명에 대한 단서를 찾고자 했다. 이 연구들은 실험실 조건에서 히드라 개체군의 최소 5%가 1,000세 이상일 것이라고 예측했고, 이러한 높은 수명 잠재력은 부상 시 수일 내에 이 동물들이 신체의 모든 부분을 완전히 복원할 수 있는 재생 능력에서 비롯한다고 추정했다. 약 1cm인 몸은 기본적으로 소화관으로 구성되어 있으며, 한쪽에는 입이 원 모양으로 배열된 촉수들이, 다른 쪽에는 발이 있다. 성인 용종은 최대 약 10만 개의 세포를, 그리고 12개의 세포 유형과 3개의 뚜렷한 줄기세포 계통을 가지고 있다. 이러한 재생 능력은 줄기세포의 비율이 높아 줄기세포 계통에 따라 1~4일의 세포 주기로 지속적인 자기재생을 보장한 결과이다.

히드라는 개별적으로는 페트리 접시에, 대량으로는 유리 그릇에, 섭씨 18도의 수온에서, 1~3일마다 먹이를 주면 되기에 키우기가 쉽다. 최적의 조건하에서 히드라는 보통 줄기세포의 지속적인 증식에 의한 무성생식을 한다. 수온이 18℃에서 10℃로 감소하면 히드라에게 스트레스로 작용하는데, 이러한 온도 스트레스는 비노화 무성생식에서 노화 유성생식으로 히드라의 삶을 변화시켜 히드라의 시간 의존적 사망률이 증가하며 노화를 유도한다. 이와 관련해 생식세포 생성에 관여하는 유전자뿐만 아니라 세포 노화, 세포 사멸, DNA 복구에 관여하는 유전자의 조절과 줄기세포 유지에 관여하는 유전자의 조절이 수반된다는 사실을 발견하기도 했다. 온도에 따른 노화 유도는 같은 종 내에서 비노화 및 노화와 유사한 표현형의 분자 특징을 비교할 수 있는 명백하고 독특한 기회를 제공하기도 한다.

분류학적으로 더 멀리 떨어져 있음에도 불구하고, 히드라는 인간과 초파리만큼 많은 유전자를, 심지어 선충보다 더 많은 유전자를 공유한다. 진화적으로 보존된 전사인자 FOXO에 많은 연구자가 관심을 기울였는데, 이는 히드라 줄기세포의 무한한 자가 재생 능력을 유지하고 명백한 생물학적 불멸성을 유지하는 데 핵심적인 역할을 할 것으로 생각된다. 히드라 연구는 진화적으로 멀리 떨어진 종에서 얻은 지식을 재생의학 분야 등으로 옮겨오는 데 많은 기여를 할 것이다. 한 가지 흥미로운 사실은 2019년 스위스 제네바 대학교 연구진은 Wnt3과 Sp5라 불리는 단백질 사이의 작용이 히드라의 머리가 하나로 유지되도록 하는 동시에 적절한 재생반응이 일어나도록 한다는 것을 발견했다는 점이다. Wnt3 단백질은 다양한 암의 초기 단계에 암세포를 활성화시키는 역할을 담당하기에 Sp5를 치료제로 쓴다면 인체 내 발생하는 종양 확산을 억제할 수 있다고 발표하기도 했다.

★ 히드라에게 배울 수 있는 장수 비결

- 히드라는 줄기세포를 통해 지속적인 재생 상태를 유지하며, 고립되고 통제된 환경에서 노화의 징후가 나타나지 않는다.
- 히드라는 절단된 신체 부위를 재생하는 놀라운 회복력이 있다.
- 히드라의 높은 수명은 부상 후 며칠 내에 모든 신체 부위를 완전히 회복할 수 있는 진화된 재생 능력에 기인한다.
- 히드라는 최적의 조건에서는 비노화 무성생식이 가능하지만, 온도가 낮아지면 노화 유성생식으로 전환되어 사망률이 증가하거나 노화가 시작되기도 한다. 온도 스트레스는 히드라의 수명 주기를 전환시킨다. 따라서 온도에 의한 노화는 비노화 표현형과 노화 표현형 간의 분자적 특징을 비

교할 수 있는 독특한 기회를 제공한다.

- 히드라는 인간과 진화적으로 멀리 떨어져 있음에도 불구하고 수많은 유전자를 공유한다. 심지어 밀접하게 관련된 일부 종보다 더 많은 유전자를 공유한다.
- 히드라의 재생에 중요한 역할을 하는 진화적으로 보존된 전사인자 FOXO에 대한 연구는 재생의학의 잠재적 응용에 대한 관심을 불러일으키고 있다.

7. 거미

일부 거미종은 수명이 상당히 길다. 예를 들어 골리앗 버드이터(*Theraphosa blondi*)라는 거미종은 최대 25년에서 30년까지 살 수 있고, 몇몇 종류의 털거미(Giant Orb-weaver Spider)는 10년 이상 살아남았다는 기록도 남아 있다. 가장 오래 산 거미는 2018년 태평양 보존 생물학 저널에 보고된 44살의 트랩도어 거미이다.

장수를 가능하게 하는 요소에는 여러 가지가 있다. 거미는 체력과 건강을 유지하기 위해 철저한 영양 공급과 수분 섭취를 하며, 탁월한 사냥 기술과 자기 방어 기술을 통해 자신을 보호하고 먹이를 효율적으로 잡아먹는다. 이러한 특성은 거미의 장수와 생존에 기여할 수 있을 것이다. 하지만 거미는 종류에 따라 수명이 다르며, 여기에는 환경 조건과 생물학적인 요소가 영향을 줄 수 있기에 거미의 수명을 일반화하기에는 어려운 면이 있다.

거미는 적으로부터 자신을 보호하고 장수하기 위해 다양한 전

그림 24. 거미

거미는 거미강 거미목(*Araneae*) 절지동물이다. 여덟 개의 다리와 독을 주사할 수 있는 송곳니가 달린 집게발이 있으며 공기 호흡을 한다. 곤충은 머리·가슴·배로 나뉘지만, 거미는 머리와 배 부분으로 나뉜다. 또한 날개가 없어 날 수 없다는 것이 그 동안의 상식이었지만 최근 연구를 통해 거미가 거미줄을 이용해 날 수 있다는 사실이 밝혀졌다(그림 출처: Pixabay).

략을 사용한다. 그중 가장 놀라운 전략은 자가 절단으로, 포식자에게 잡힌 다리를 스스로 절단하는 능력이다. 보통 다리는 몸과 가까운 곳, 즉 사람의 고관절에 해당하는 콕사트로캔더조인트(coxa-trochanter joint)가 잘린다. 더 놀라운 사실은 어린 거미는 다리를 재생할 수 있다는 것이다. 작은 분절된 다리가 자라나 다음 번 탈피할 때 나타난다. 다른 많은 동물과 마찬가지로 탈피동물은 외상 후 몸통 축이 재생될 가능성이 없다고 알려져 있는데, 이는 오늘날 가장 다양한 계통인 절지동물의 재생 능력이 성공적인 진화에 기여하지 못했음을 의미하기도 한다.

이러한 오랜 견해에 반해 2023년 독일의 게오르그 브레네이스(Georg Brenneis) 박사 그룹은 바다거미가 생식기관을 복원할 수 있을 뿐 아니라 실험적으로 제거한 후에도 뒷다리 부위가 다시 자랄 수 있음을 보여 주는 결과를 미국국립과학원회보인 『PNAS』에 발표하기도 했다. 하지만 아직 거미에 대한 분자생물학적·유전학적인 연구가 더 필요한 상황이다.

★ 거미에게 배울 수 있는 장수 비결

- 거미의 장수는 엄격한 영양 섭취, 충분한 수분 섭취, 뛰어난 사냥 기술, 효과적인 자기 방어 메커니즘 등 다양한 요인에 의해 결정된다. 거미는 종에 따라, 환경 조건과 생물학적 요인에 따라 수명이 달라질 수 있으므로 장수 비결을 일반화하기는 어렵다.
- 거미는 자신을 보호하고 장수하기 위해 다양한 전략을 사용한다. 그중 자가 절단은 거미가 거미줄에 걸린 다리를 자발적으로 잘라내고 재생하는 놀라운 장수 비결 중 하나이다.
- 최근의 발견에도 불구하고 거미에 대한 분자 및 유전학적 연구는 다른 장수 동물에 비해 여전히 부족하기에, 거미의 장수와 재생 능력에 기여하는 분자 및 유전적 측면을 이해하기 위해서는 더 많은 연구가 필요하다.

8. 플라나리아

플라나리아(Planaria)는 10mm밖에 안 되는 민물에 사는 아주 작은 동물로, 무한에 가까운 재생 능력을 가진 것으로 잘 알려져 있다. 그들은 중앙 신경계, 소화관, 그리고 눈을 가진 복잡한 생명체임에도 거의 모든 조직의 작은 신체 조각이 완전하게 자랄 수 있다. 부분적으로 만능인 성체 줄기세포의 높은 비율(모든 세포의 약 25~30%)이 이 능력에 결정적인 역할을 한다고 알려져 있다. 재생은 풍부한 성체 줄기세포의 분열과 분화, 근육 세포에서 발현되는 위치 유도 신호에 의해 엄격하게 조절된다. 이를 통해 조직과 장기의 거의 완벽한 재생을 이루며, 이를 바탕으로 플라나리아는 유성생식의 대안으로 핵분열에 의한 무성 재생산을 진화시켰다. 플라나리아는 머리 부분과 꼬리 부분으로 수평으로 분할된 후 각각 누락된 부분을 복원하는데 어떤 종은 심지어 이런 방식으로 독점 번식하기도 한다. 이것은 이 종의 재생되는 부분이 생식선의 기능을 완전히 복구한다는 것을 의미한다.

줄기세포의 노화는 다른 종의 장기와 조직이 시간이 지날수록 임무를 수행할 수 없게 되는 주요한 이유인데, 플라나리아는 이 과정과 관련된 메커니즘을 피할 수 있다고 알려져 있다. 이러한 맥락에서 플라나리아의 텔로머레이즈가 재생에서 상향 조절되기 때문에 지속적인 텔로미어 단축을 피할 수 있는 것으로 나타났다. 세포 노화의 주요 생물학적 기능은 체세포 돌연변이의 영향을 받는 조직의 종양 억제이다. 플라나리아는 높은 게놈 안정성 및 효율적인

그림 24. 플라나리아

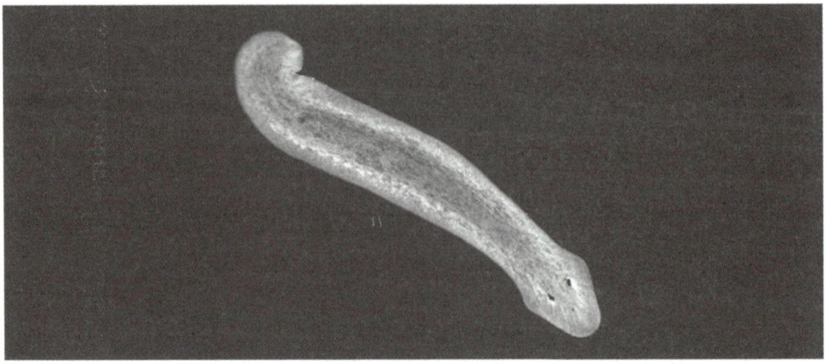

플라나리아는 편형동물문 와충류강 삼기장목(三岐腸目) 플라나리아과에 속한다. 최대 3.5cm, 너비 4mm 정도이며 납작하다. 머리 양쪽에는 짧은 더듬이도 있다. 입은 몸 중앙의 배 쪽에 열려 있다(그림 출처: Wikimedia Commons).

DNA 복구 메커니즘을 가지고 있어 치환 가능한 원소 활성으로부터 생식선을 보호하는 Piwi-piRNA[3] 경로가 신체적으로 발현된다고 관찰되었다. 이는 히드라에서도 마찬가지로 관찰되기도 했다. 생식선 경로의 활성화가 줄기세포 노화를 방지하는 전략이 될 수 있는지 알기 위해서는 더 많은 연구가 필요할 것이다.

주목할 만한 점은 플라나리아가 풍부한 줄기세포와 재생 능력을 유지함으로써 장기간 굶주려도 상처 입지 않고 생존할 수 있다는 것이다. 이를 위해 그들은 줄기세포의 상대적인 수를 유지한다. 기아 상태에서 줄기세포를 유지하는 것도 먹이가 필요하거나 부

3 piRNA는 piwi 단백질과 함께 RNA-단백질 복합체를 이룬다. piRNA 복합체는 후생학적으로, 레트로 트렌스포존과 생식세포에서의 다른 유전적 인자에 대한 번역 후 유전자 침묵, 특히 정자 형성 과정에 관계가 있다.

상을 입었을 때 빠르게 대응하기 위한 특별한 전략일 것이다. 그러나 기아 상태에서 재생을 유지하는 데 필요한 분자적 과정은 아직 밝혀지지 않았다. 샤페로닌 서브유닛인 CCT(Chaperonin containing tailless complex polypeptide 1)/TRiC(The tailless complex polypeptide 1 ring complex)의 억제가 기아 상태에서만 플라나리아의 재생 능력을 없앤다는 사실을 밝혀낸 정도이다. 먹이가 제한되는 동안 CCT/TRiC는 세포분열과 조직 형성을 제어하는 데 필요하며, 플라나리아의 재생을 촉진하는 UPR(Unfolded Protein Response)을 조절하는 데도 유용하다.

미래의 가장 중요한 연구 과제 중 하나는 플라나리아, 히드라 등 무척추동물에서 얻은 지식을 인간에게 전달하기 위한 응용 프로그램을 개발하는 것이다. 많은 과학자가 플라나리아가 어떻게 노화 과정을 극복하고 잠재적으로 불멸의 존재가 되는지 증명했다. 이 발견은 인간 세포의 노화 및 노화를 완화시킬 수 있는 가능성이 될 것이다.

★ 플라나리아에게 배울 수 있는 장수 비결

- 재생은 만능 성체 줄기세포의 풍부한 분열과 분화에 의해 엄격하게 제어되는데, 플라나리아는 조직과 기관을 거의 완벽하게 재생할 수 있다. 또한 유사 분열 재생을 통한 무성생식을 유성생식의 대안으로 진화시키고 있다.
- 플라나리아는 재생 과정에서 텔로머레이즈의 상향 조절로 줄기세포 노화와 관련된 텔로미어 단축을 줄일 수 있다.
- 플라나리아는 높은 게놈 안정성과 효율적인 DNA 복구 메커니즘을 보여

준다.

- 플라나리아와 같은 무척추동물에서 얻은 지식을 인간에게 적용하는 것은 앞으로의 과제로 남아 있다. 특히 줄기세포 노화를 예방하기 위한 전략으로서 생식 경로의 활성화를 이해하는 것은 상당한 도전 과제이다.
- 노화를 극복하고 잠재적으로 불멸의 존재가 될 수 있는 플라나리아의 능력은 인간 세포의 노화 관련 특성을 완화할 수 있는 인사이트를 제공할 수 있다.

제8장

동물에게 장수 생활을 배운다는 것

우리는 모두 건강하게 오래 살기를 염원한다. 이에 건강한 음식을 찾아 먹고, 충분한 휴식을 취하고, 운동하고, 스트레스를 줄이기 위해 부단히 노력한다. 고령 인구의 수와 비율은 앞으로 더욱 빠른 속도로 증가할 것으로 예상된다. 따라서 동물을 사용한 연구를 포함해 노화와 장수에 관한 연구는 매우 중요하다. 이를 통해 노화 과정을 더 잘 이해할 수 있으며, 나아가 인간의 건강한 생활을 증진하고 인구 고령화로 인한 장기적인 사회경제적 손실을 성공적으로 대처할 수 있을 것이다. 특히 노화에 의해 유도된다고 알려진 여러 대사질환 관련 질병들 연구에도 크게 이바지할 수 있다. 성경의 「창세기」에는 아담이 900년을 살다가 죽었다고 기록되어 있다. 이것이 사실이라면 우리는 아마도 900살까지 살 수 있다고 할 수 있다. 하지만 현재 우리는 기껏해야 100살 정도까지 살 뿐이다. 900살까지 수명을 늘리기 위해, 아니 건강 수명을 늘리기 위해 많은 연구자가

지금도 불철주야 연구하는 것에 대해 감사드린다.

이 책에서 다루었듯 동물들은 인간보다 상대적으로 장수하는 경우가 많다. 그 이유는 무엇일까? 특정 동물들이 오래 사는 데 도움이 되는 몇 가지 요인이 있다. 특정 장수 유전자의 발현과 암 발생을 극복하게 해주는 유전자는 제외하더라도, 적절한 영양 섭취, 충분한 활동량, 포식자로부터 피할 수 있는 비행 능력 등이 그들이 장수하는 데 중요한 요인이다. 더불어 한 가지 주목할 만한 점은 오래 사는 동물들은 그들 나름대로 군집해 생활하며 그 속에서 규칙을 따르고 분업화된 일을 한다는 것이다. 장수 모델로 잘 알려진 벌거벗은 두더지쥐에서 볼 수 있듯 한 마리의 여왕 쥐를 중심으로 세 부류의 일꾼들과 생식을 위한 수컷들이 각 위치에서 서로 상호작용하며 지내는 것이다. 이러한 규칙과 생활 방식은 벌거벗은 두더지쥐뿐 아니라 코끼리, 박쥐와 같은 장수 동물에서도 볼 수 있다. 여기에 진화론적으로 장수하는 방향으로 진화한 여러 유전자들(돌연변이 DNA복구에 필요한 유전자, 암을 억제하는 단백질, 세포 사멸을 억제하는 단백질의 발현)이 합세해 장수 동물이 탄생했다고 생각한다.

장수 동물들의 또 다른 특징은 동면이다. 다르게 말해 느린 대사 활동이다. 인간은 빨리빨리 생활하려는 경향이 있는데 여기에는 빠른 대사 활동을 필요로 한다. 앞서 언급했듯 빠른 대사는 더 많은 ROS를 배출하고 궁극적으로 건강히 오래 사는 데 도움이 되기 어렵다. 또한 우리가 가진 ROS 제거 기작은 제한적이다. 반면 느린 생활 방식은 적은 양의 ROS를 만든다. 흔히 성격이 급한 사람에게 심장 관련 질병이 많이 나타나는 것을, 심지어는 성격이 급해 흥분하다 심장마비가 일어나는 것을 종종 볼 수 있다. 느린 대사, 여유 있는 생활, 긍정적인 삶의 방식도 동물들에게 배울 수 있는 장수 비결 중 하나일 것이다.

이런 느린 생활 방식이 장수에 좋다는 가설을 뒷받침하는 분자생물학적 논문이 최근에 발표되었다. 이 연구에서는 선충, 초파리, 생쥐, 쥐, 인간 등 5가지 유기체의 게놈 전체 전사 변화를 성체 나이에 따라 분석했다. 연구진은 전사에 중요한 효소인 RNA 중합 효소 II(Pol II)가 RNA를 복사할 때 DNA 가닥을 따라 이동하는 속도를 어떻게 변화시키는지 측정했다. 연구팀은 평균적으로 나이가 많아질수록 Pol II의 속도가 빨라지지만, 5개 그룹 모두에서 정확도가 떨어지고 오류가 발생하기 쉽다는 사실을 발견했다. 이 책에서도 다루었듯 식이 제한과 인슐린 신호 억제가 많은 동물의 노화를 지연시키고 수명을 연장할 수 있다는 사실이 밝혀졌기 때문에, 연구진은 식이 제한과 인슐린 신호 억제가 Pol II의 속도에 어떤 영향을 미치는지 조사했다. 그 결과 인슐린 신호 전달 유전자에 돌연변이가 있는 벌레, 생쥐, 초파리에서 Pol II가 더 느린 속도로 움직였다는 것을 발견했다. 또한 저칼로리 식단을 섭취한 쥐에서도 Pol II 효소의 이동 속도가 더 느려졌다고 보고했다. 더불어 Pol II 속도를 늦추는 돌연변이를 가진 초파리와 벌레의 수명을 추적했고, 이 동물들은 돌연변이가 없는 동물보다 10~20% 더 오래 살았다. 이 연구는 우리가 바쁘게 그리고 빠르게 살아가는 방식이 장수에 도움이 되지 않는다는 분자생물학적 근거가 될 수 있다. 또한 이 연구는 멀리 떨어져 있는 종간의 노화 메커니즘이 어떻게 일관성이 있는지를 보여 주는 연구이며, Pol II가 노화 과정을 늦추는 약물의 표적이 되는 방법을 탐구할 수 있는 문을 열어줄 수 있었다. Pol II의 전사 과정의 변화는 다양한 유형의 암을 포함한 많은 질병과 관련이 있으며, Pol II와 이를 촉진하는 분자를 표적으로 하는 다양한 약물이 개발되고 있다. 이러한 약물 중 일부를 효과적으로 용도 변경해 노화에 미치는 영향을 조사할 수 있는 기회가 있을 수 있다. 이처럼 앞으로는 사람을 포함해 여러 동물로부터 장수에 관한 기작 연구의 결과가 축적될 것이고, 공통으로 변화하는 유전자, 생활 방식, 먹이 습관 등을 고려해 연구를 진행한다면 효과적인 결과들을 도출할 수 있을 것이다.

노화/장수 연구에서 유의할 점은 유전자/단백질을 포함한 많은 요인이 노화 방지와 암세포 성장에서 거의 같은 기작으로 진행된다는 사실이다. 예를 들어 이 책에서도 설명했듯 HIF-1과 같은 단백질은 정상 세포에서 노화를 억제하기도 하지만, 암세포에서는 암세포를 잘 자라게 하는 인자이기도 하다. 다시 말해 우리 몸에 암세포가 있을 때는 HIF-1이 안 좋은 방향으로 쓰일 수 있다는 이야기이다. 결국 여러 중요한 단백질의 항상성 또는 균형이 중요하며 이를 어떻게 조절할 것인지에 대한 것이야말로 앞으로 풀어야 할 숙제라고 할 수 있다.

하지만 암세포와 정상 세포 성장에는 차이점도 발견된다. 암세포 대부분은 미토콘드리아의 산화적 인산화를 주로 이용하는 정상 분화 세포와는 달리 유산소적 해당 작용을 통해 생명 활동에 필요한 에너지를 생성한다. 이 관점에서 보면 세포 대사는 성장 조절과 밀접한 관련이 있고 암세포를 포함해 실제로 모든 증식하는 세포의 대사는 새로운 세포를 생성하는 데 필요한 영양소의 흡수와 세포 구성 물질 합성에 잘 적응되어 있다. 앞으로는 이런 정상 세포와 암세포의 차이점을 이용한 약물 개발과 예방 연구를 통해서 노화 방지 연구가 진행되어야 할 것이다.

노화는 많은 대사 관련 질병에 영향을 준다. 서로 다른 질병이 같은 대사 경로를 공유하기도 하는데, 특히 노화에 의해 유도되는 질병들에 영향을 미치는 연결고리가 있을 것이다. 칼로리 제한(CR)은 인간의 수명과 건강 수명을 연장하고 노화성 질환을 연결하는 데 충분한 인자로 보고되고 있다. 대사적 관점에서 영양실조 없이 정상 식단의 섭취량을 10~40% 줄이는 CR은 그 과정을 이해하면 노화 관련 질병을 묶거나 푸는 데 필수적인 역할을 한다는 것을 알 수 있다. 따라서 CR 모델은 심장질환, 암, 관절염, 백내장, 골다공증, 제2형 당뇨병, 고혈압, 알츠하이머병 등 노화 및 노화 관련 질병의 메커니즘을 이해하는 데 중요한 역할을 할 수 있다. 따라서 질병은 혼자가 아니라 상호작용과 상관관계가 있다는 결론을 내릴 수 있다. CR은 여러 질병의 진행, 악화 및 상호작용에 관여하며 서로 다른 질병을 연결하기도 한다. 이런 관점에서 기존 동물 모델은 복잡한 네트워크에서 하나의 신호 전달 체계를 보는 경우가 많기에 정확한 결과를 도출하는 데 한계가 있을 것이다. 앞으로 이런 복잡한 신호 전달 체계를 탐구할 수 있는 모델 시스템이 있다면 노화 연구에 중요한 이바지를 할 것이다.

최근 장수에 관한 관심이 높아지면서 건강기능 식품 또는 비타민을 이용한 장수 생활이 주목받고 있다. 대표적으로 아보카도, 양배추, 에다마메에 많이 들어 있는 NMN(Nicotinamide Mononucleotide), 포도에 많이 들어 있는 레스베라트롤(Resveratrol), 대두, 배, 양배추 및 브로콜리에 많이 들어 있는 스퍼미딘(Spermidine), 낙지, 문어에 많이 들어 있는 타우린(Taurine) 등이 있다. 이들은 대부분 미토콘드리아 기능을 활성화하는 역할을 하는데, 미토콘드리아 기능 장애는 노화의 12가지 특징 중 하나이기에 이런 화합물들은 노화 방지에 효과가 있을 것이다. 더 나아가 나머지 노화에 대한 11가지 특징을 연구하고 그에 맞는 화합물 또는 약용 식물들을 발견한다면 모두의 염원인 '건강하게 오래 사는' 목표에 한 걸음 더 다가설 수 있을 것이다.

현재 우리는 유전자를 편집해서 원하는 형질을 발현시킬 수 있고, 원하는 유전자를 없애거나 과발현시킬 수 있는 기술을 가지고 있다. 동물들에게 배운 여러 장수 유전자를 이용하고 원하는 유전자를 조작해서 우리가 건강하게 오래 살 수 있는 길을 제시할 수도 있다. 하지만 인간의 노화에 관한 대부분의 연구는 만성질환을 앓고 있는 노년층을 대상으로 이루어지며, 건강한 청년층의 노화에 대해서는 거의 알려진 바가 없다. 그러나 노화와 관련된 질병과 쇠퇴를 예방하려면 젊고 건강할 때부터 노화를 늦추고 건강 수명을 연장하기 위한 작용 기작등을 연구하고 적용해야 한다고 생각한다.

우리는 지구상의 수많은 동물과 공존하며 생활한다. 동물들은 자연의 생명력과 적응력을 지니므로 우리에게 많은 교훈을 줄 수 있다. 그들의 장수 비결은 우리가 건강을 촉진하는 데 참고가 될 수 있지만, 각 개인의 상황과 필요에 따라 조절해야 한다. 건강 상태, 환경, 개인의 선호도 등을 고려해 자신에게 맞는 방식으로 적용하는 것이 바람직하다. 특히 요즘에는 반려동물이 그 어느 때보다도 필요하다. 단순한 모델 유기체의 연구 결과는 일반적으로 인간에게 적용할 수 있지만, 이러한 유기체에는 인간 고유의 인지와 관련된 기능에 대응하는 기능이 없다. 그런데 광범위한 유전적, 환경적 변이를 나타내는 반려견의 데이터는 인간 집단을 모형화하는 데 가장 유용하다. 그러므로 이들의 근육이나 뇌 조직과 같은 생물학적 표본을 확보하는 것은 실험동물의 경우보다 분자 및 조직학 연구에 더 중요하므로 대규모 의료 데이터베이스와 바이오뱅킹 서비스를 구축하고 유지하는 것도 앞으로의 노화 연구의 과제일 것이다. 반려견과 같이 인간과 유사한 신경 퇴행성 질환과 노화 관련 인지 이상이 발생하기 쉬운 동물은 노화의 생물학적 배경을 이해하고자 하는 연구자들에게 귀중한 모델종으로 성장해 왔고, 이러한 동물의 노화 메커니즘과 표현형에 초점을 맞춘 연구가 이루어져야 한다고 생각한다.

반려동물은 또한 우리가 더 건강하게 나이 드는 데 도움이 되기도 한다. 한 연구 결과에 의하면, 건강한 반려견에서도 노화와 관련된 뇌 및 뇌 기능의 심각한 저하를 발견했지만, 밝은 면도 있다는 것을 발견했고, 나이가 많은 개는 더 차분하고 지식이 풍부하며, 이러한 특성과 관련하여 그룹으로 키울 때 젊은 개보다 더 자주 지배적으로 관찰되었다. 이런 연구 결과는 성공적인 노화를 위한 건강한 생활 방식을 위한 지침을 제공하고, 반려견과 보호자의 복지를 증진하며, 인간의 인지 노화에 대한 생물학적 배경을 이해하는 데 도움이 될 것으로 기대된다.

마지막으로 연구에 동물을 사용할 때는 윤리적 고려 사항을 반드시 고려해야 한다. 동물 복지를 최우선으로 고려해야 하며, 연구자는 동물의 복지를 보장하기 위해 엄격한 지침과 감독을 준수해야 한다. 윤리적인 동물실험은 인간의 노화를 이해하고 노년기를 더 건강하고 생산적으로 보낼 수 있는 방법을 찾는 데 필수적인 도구이다. 인간은 원헬스라고 하는 광범위한 동물, 식물, 환경의 연속체에서 한 부분일 뿐이라는 점을 명심해야 하며 우리 인간은 일차적 중생으로서 모든 존재의 상호 의존성과 상호작용을 인식하고 모두를 위한 책임감 있는 보호자가 되어야 할 것이다. 동물들과 오랫동안 같이 살아가는 방법을 터득해 지구상의 모든 생명체가 행복하고 건강하게 살기를 바란다.

참고문헌

Akase, T., T. Nagase, L. Huang, A. Ibuki, T. Minematsu, G. Nakagami, Y. Ohta, et al. "Aging-Like Skin Changes Induced by Ultraviolet Irradiation in an Animal Model of Metabolic Syndrome." *Biol Res Nurs* 14, no. 2 (Apr 2012): 180-7. https://doi.org/10.1177/1099800411401013; https://www.ncbi.nlm.nih.gov/pubmed/21444332.

Alexander, G. E., L. Ryan, D. Bowers, T. C. Foster, J. L. Bizon, D. S. Geldmacher, and E. L. Glisky. "Characterizing Cognitive Aging in Humans with Links to Animal Models." *Front Aging Neurosci* 4 (2012): 21. https://doi.org/10.3389/fnagi.2012.00021; https://www.ncbi.nlm.nih.gov/pubmed/22988439.

An, J. Y., R. Darveau, and M. Kaeberlein. "Oral Health in Geroscience: Animal Models and the Aging Oral Cavity." *Geroscience* 40, no. 1 (Feb 2018): 1-10. https://doi.org/10.1007/s11357-017-0004-9; https://www.ncbi.nlm.nih.gov/pubmed/29282653.

Austad, S. N. "Animal Models of Reproductive Aging: What Can They Tell Us?" *Ann N Y Acad Sci* 1204 (Aug 2010): 123-6. https://doi.org/10.1111/j.1749-6632.2010.05609.x; https://www.ncbi.nlm.nih.gov/pubmed/20738282.

Bar-Am, O., T. Amit, L. Kupershmidt, Y. Aluf, D. Mechlovich, H. Kabha, L. Danovitch, et al. "Neuroprotective and Neurorestorative Activities of a Novel Iron Chelator-Brain Selective Monoamine Oxidase-a/Monoamine Oxidase-B Inhibitor in Animal Models of Parkinson's Disease and Aging." *Neurobiol Aging* 36, no. 3 (Mar 2015): 1529-42. https://doi.org/10.1016/j.neurobiolaging.2014.10.026; https://www.ncbi.nlm.nih.gov/pubmed/25499799.

Baradaran Rahimi, V., V. R. Askari, and S. H. Mousavi. "Ellagic Acid Dose and Time-Dependently Abrogates D-Galactose-Induced Animal Model of Aging: Investigating the Role of Ppar-Gamma." *Life Sci* 232 (Sep 1 2019): 116595. https://doi.org/10.1016/j.lfs.2019.116595; https://www.ncbi.nlm.nih.gov/pubmed/31238053.

Berry, A., I. Amrein, S. Notzli, S. E. Lazic, V. Bellisario, M. Giorgio, P. G. Pelicci, et al. "Sustained Hippocampal Neurogenesis in Females Is Amplified in P66(Shc-/-) Mice: An Animal Model of Healthy Aging." *Hippocampus* 22, no. 12 (Dec 2012): 2249-59. https://doi.org/10.1002/hipo.22042; https://www.ncbi.nlm.nih.gov/pubmed/22707391.

Birder, L. A., A. F. Kullmann, and C. R. Chapple. "The Aging Bladder Insights from Animal Models." *Asian J Urol* 5, no. 3 (Jul 2018): 135-40. https://doi.org/10.1016/j.ajur.2017.03.004; https://www.ncbi.nlm.nih.gov/pubmed/29988876.

Bizon, J. L., T. C. Foster, G. E. Alexander, and E. L. Glisky. "Characterizing Cognitive

Aging of Working Memory and Executive Function in Animal Models." *Front Aging Neurosci* 4 (2012): 19. https://doi.org/10.3389/fnagi.2012.00019; https://www.ncbi.nlm.nih.gov/pubmed/22988438.

Blier, P. U., D. Abele, D. Munro, C. Degletagne, E. Rodriguez, and T. Hagen. "What Modulates Animal Longevity? Fast and Slow Aging in Bivalves as a Model for the Study of Lifespan." *Semin Cell Dev Biol* 70 (Oct 2017): 130-40. https://doi.org/10.1016/j.semcdb.2017.07.046; https://www.ncbi.nlm.nih.gov/pubmed/28778411.

Buffenstein, R., and W. Craft. "The Idiosyncratic Physiological Traits of the Naked Mole-Rat; a Resilient Animal Model of Aging, Longevity, and Healthspan." *Adv Exp Med Biol* 1319 (2021): 221-54. https://doi.org/10.1007/978-3-030-65943-1_8; https://www.ncbi.nlm.nih.gov/pubmed/34424518.

Burke, S. N., and T. C. Foster. "Animal Models of Cognitive Aging and Circuit-Specific Vulnerability." *Handb Clin Neurol* 167 (2019): 19-36. https://doi.org/10.1016/B978-0-12-804766-8.00002-9; https://www.ncbi.nlm.nih.gov/pubmed/31753133.

Burke, S. N., L. Ryan, and C. A. Barnes. "Characterizing Cognitive Aging of Recognition Memory and Related Processes in Animal Models and in Humans." *Front Aging Neurosci* 4 (2012): 15. https://doi.org/10.3389/fnagi.2012.00015; https://www.ncbi.nlm.nih.gov/pubmed/22988437.

Calvo-Ochoa, E., and C. Arias. "Cellular and Metabolic Alterations in the Hippocampus Caused by Insulin Signalling Dysfunction and Its Association with Cognitive Impairment During Aging and Alzheimer's Disease: Studies in Animal Models." *Diabetes Metab Res Rev* 31, no. 1 (Jan 2015): 1-13. https://doi.org/10.1002/dmrr.2531; https://www.ncbi.nlm.nih.gov/pubmed/24464982.

Candelario-Jalil, E., and S. Paul. "Impact of Aging and Comorbidities on Ischemic Stroke Outcomes in Preclinical Animal Models: A Translational Perspective." *Exp Neurol* 335 (Jan 2021): 113494. https://doi.org/10.1016/j.expneurol.2020.113494; https://www.ncbi.nlm.nih.gov/pubmed/33035516.

Cen, J., H. Zhang, Y. Liu, M. Deng, S. Tang, W. Liu, and Z. Zhang. "Anti-Aging Effect of Estrogen on Telomerase Activity in Ovariectomised Rats: Animal Model for Menopause." *Gynecol Endocrinol* 31, no. 7 (Jul 2015): 582-5. https://doi.org/10.3109/09513590.2015.1065478; https://www.ncbi.nlm.nih.gov/pubmed/26340354.

Cohen, A. A. "Aging across the Tree of Life: The Importance of a Comparative Perspective for the Use of Animal Models in Aging." *Biochim Biophys Acta Mol Basis Dis* 1864, no. 9 Pt A (Sep 2018): 2680-89. https://doi.org/10.1016/j.bbadis.2017.05.028; https://www.ncbi.nlm.nih.gov/pubmed/28690188.

Comizzoli, P., and M. A. Ottinger. "Understanding Reproductive Aging in Wildlife to

Improve Animal Conservation and Human Reproductive Health." *Front Cell Dev Biol* 9 (2021): 680471. https://doi.org/10.3389/fcell.2021.680471; https://www.ncbi.nlm.nih.gov/pubmed/34095152.

de Souto Barreto, P., S. Guyonnet, I. Ader, S. Andrieu, L. Casteilla, N. Davezac, C. Dray, et al. "The Inspire Research Initiative: A Program for Geroscience and Healthy Aging Research Going from Animal Models to Humans and the Healthcare System." *J Frailty Aging* 10, no. 2 (2021): 86-93. https://doi.org/10.14283/jfa.2020.18; https://www.ncbi.nlm.nih.gov/pubmed/33575696.

Dias, M. R. J., T. M. L. Correia, J. O. Borges, L. S. D. Santos, R. Pereira, Raad Silva, T. J. Soares, R. D. S. Coqueiro, and A. C. M. Magalhaes. "Therapeutic or Lifelong Training Effects on Pancreatic Morphological and Functional Parameters in an Animal Model of Aging and Obesity." *Exp Gerontol* 175 (May 2023): 112144. https://doi.org/10.1016/j.exger.2023.112144; https://www.ncbi.nlm.nih.gov/pubmed/36907475.

Engle, J. R., and C. A. Barnes. "Characterizing Cognitive Aging of Associative Memory in Animal Models." *Front Aging Neurosci* 4 (2012): 10. https://doi.org/10.3389/fnagi.2012.00010; https://www.ncbi.nlm.nih.gov/pubmed/22988435.

Errico, F., A. Di Maio, V. Marsili, M. Squillace, D. Vitucci, F. Napolitano, and A. Usiello. "Bimodal Effect of D-Aspartate on Brain Aging Processes: Insights from Animal Models." *J Biol Regul Homeost Agents* 27, no. 2 Suppl (Apr-Jun 2013): 49-59. https://www.ncbi.nlm.nih.gov/pubmed/24813315.

Foster, T. C., R. A. Defazio, and J. L. Bizon. "Characterizing Cognitive Aging of Spatial and Contextual Memory in Animal Models." *Front Aging Neurosci* 4 (2012): 12. https://doi.org/10.3389/fnagi.2012.00012; https://www.ncbi.nlm.nih.gov/pubmed/22988436.

Fujisawa, T., H. Ikegami, and H. Rakugi. "[Organs Related to Glucose Metabolism and Aging in Animal Models]." *Nihon Ronen Igakkai Zasshi* 48, no. 2 (2011): 127-9. https://doi.org/10.3143/geriatrics.48.127; https://www.ncbi.nlm.nih.gov/pubmed/21778625.

Gardella, B., A. L. Scatigno, G. Belli, A. Gritti, S. D. Visona, and M. Dominoni. "Aging of Pelvic Floor in Animal Models: A Sistematic Review of Literature on the Role of the Extracellular Matrix in the Development of Pelvic Floor Prolapse." *Front Med (Lausanne)* 9 (2022): 863945. https://doi.org/10.3389/fmed.2022.863945; https://www.ncbi.nlm.nih.gov/pubmed/35492348.

Ge, Q., B. Yang, R. Liu, D. Jiang, H. Yu, M. Wu, and W. Zhang. "Antioxidant Activity of Lactobacillus Plantarum Njau-01 in an Animal Model of Aging." *BMC Microbiol* 21, no. 1 (Jun 15 2021): 182. https://doi.org/10.1186/s12866-021-02248-5; https://

www.ncbi.nlm.nih.gov/pubmed/34130624.

Gesing, A., D. Wiesenborn, A. Do, V. Menon, A. Schneider, B. Victoria, M. B. Stout, et al. "A Long-Lived Mouse Lacking Both Growth Hormone and Growth Hormone Receptor: A New Animal Model for Aging Studies." *J Gerontol A Biol Sci Med Sci* 72, no. 8 (Aug 1 2017): 1054-61. https://doi.org/10.1093/gerona/glw193; https://www.ncbi.nlm.nih.gov/pubmed/27688483.

Goto, S. "[Evidence for and against Anti-Aging Effects Based on Model Animal Studies]." *Nihon Rinsho* 67, no. 7 (Jul 2009): 1337-40. https://www.ncbi.nlm.nih.gov/pubmed/19591282.

Goto, S., and Z. Radak. "Hormetic Effects of Reactive Oxygen Species by Exercise: A View from Animal Studies for Successful Aging in Human." *Dose Response* 8, no. 1 (Dec 14 2009): 68-72. https://doi.org/10.2203/dose-response.09-044.Goto; https://www.ncbi.nlm.nih.gov/pubmed/20221292.

Granholm, A. C. "Why Do We Need to Use Animal Models to Study Cognition and Aging?" *Neuropsychopharmacology* 35, no. 8 (Jul 2010): 1621-2. https://doi.org/10.1038/npp.2010.45; https://www.ncbi.nlm.nih.gov/pubmed/20551899.

Hackney, K. J., K. Trautman, N. Johnson, R. McGrath, and S. Stastny. "Protein and Muscle Health During Aging: Benefits and Concerns Related to Animal-Based Protein." *Anim Front* 9, no. 4 (Oct 2019): 12-17. https://doi.org/10.1093/af/vfz030; https://www.ncbi.nlm.nih.gov/pubmed/32002269.

Hankosky, E. R., L. K. Sherrill, L. A. Ruvola, R. M. Haake, T. Kim, L. R. Hammerslag, D. G. Kougias, J. M. Juraska, and J. M. Gulley. "Effects of Beta-Hydroxy-Beta-Methyl Butyrate on Working Memory and Cognitive Flexibility in an Animal Model of Aging." *Nutr Neurosci* 20, no. 7 (Sep 2017): 379-87. https://doi.org/10.1080/1028415X.2016.1145376; https://www.ncbi.nlm.nih.gov/pubmed/26896292.

Harijan, A., and S. Y. Ha. "Comparative Anatomy and Facial Aging in the Animal Kingdom." *Arch Plast Surg* 43, no. 3 (May 2016): 225-8. https://doi.org/10.5999/aps.2016.43.3.225; https://www.ncbi.nlm.nih.gov/pubmed/27218018.

Heiderstadt, K. M., and M. J. Kennett. "Iacuc Issues Related to Animal Models of Aging." *ILAR J* 52, no. 1 (2011): 106-9. https://doi.org/10.1093/ilar.52.1.106; https://www.ncbi.nlm.nih.gov/pubmed/21411863.

Holmes, D. J., and D. M. Kristan. "Comparative and Alternative Approaches and Novel Animal Models for Aging Research: Introduction to Special Issue." *Age (Dordr)* 30, no. 2-3 (Sep 2008): 63-73. https://doi.org/10.1007/s11357-008-9068-x; https://www.ncbi.nlm.nih.gov/pubmed/19424857.

Holtze, S., E. Gorshkova, S. Braude, A. Cellerino, P. Dammann, T. B. Hildebrandt, A. Hoeflich, et al. "Alternative Animal Models of Aging Research." *Front Mol Biosci* 8

(2021): 660959. https://doi.org/10.3389/fmolb.2021.660959; https://www.ncbi.nlm.nih.gov/pubmed/34079817.

Houtkooper, R. H. "Preface - Animal Models for Aging." *Biochim Biophys Acta Mol Basis Dis* 1864, no. 9 Pt A (Sep 2018): 2679. https://doi.org/10.1016/j.bbadis.2018.06.015; https://www.ncbi.nlm.nih.gov/pubmed/29940271.

Hua, Z., J. Zhang, W. Cheng, C. Wang, and D. Zhao. "Ethanolic Extract from Seed Residues of Sea Buckthorn (Hippophae Rhamnoides L.) Ameliorates Oxidative Stress Damage and Prevents Apoptosis in Murine Cell and Aging Animal Models." *Foods* 12, no. 17 (Sep 4 2023). https://doi.org/10.3390/foods12173322; https://www.ncbi.nlm.nih.gov/pubmed/37685254.

Huston, J. P., D. Schulz, and B. Topic. "Toward an Animal Model of Extinction-Induced Despair: Focus on Aging and Physiological Indices." *J Neural Transm (Vienna)* 116, no. 8 (Aug 2009): 1029-36. https://doi.org/10.1007/s00702-009-0210-4; https://www.ncbi.nlm.nih.gov/pubmed/19350220.

Ijaz, M., M. H. Jaspal, Z. Hayat, M. K. Yar, I. H. Badar, S. Ullah, Z. Hussain, et al. "Effect of Animal Age, Postmortem Chilling Rate, and Aging Time on Meat Quality Attributes of Water Buffalo and Humped Cattle Bulls." *Anim Sci J* 91, no. 1 (Jan-Dec 2020): e13354. https://doi.org/10.1111/asj.13354; https://www.ncbi.nlm.nih.gov/pubmed/32789990.

Ikeda, K. "[Animal Models for Bone and Joint Disease. Rodent Models of Natural Aging]." *Clin Calcium* 21, no. 2 (Feb 2011): 217-23. https://www.ncbi.nlm.nih.gov/pubmed/21289418.

Ishii, T., M. Miyazawa, P. S. Hartman, and N. Ishii. "Mitochondrial Superoxide Anion (O(2)(-)) Inducible "Mev-1" Animal Models for Aging Research." *BMB Rep* 44, no. 5 (May 2011): 298-305. https://doi.org/10.5483/BMBRep.2011.44.5.298; https://www.ncbi.nlm.nih.gov/pubmed/21615983.

Itaguchi, Y., S. A. Castro-Chavira, K. Waterloo, S. H. Johnsen, and C. Rodriguez-Aranda. "Evaluation of Error Production in Animal Fluency and Its Relationship to Frontal Tracts in Normal Aging and Mild Alzheimer's Disease: A Combined Lda and Time-Course Analysis Investigation." *Front Aging Neurosci* 13 (2021): 710938. https://doi.org/10.3389/fnagi.2021.710938; https://www.ncbi.nlm.nih.gov/pubmed/35095462.

Kallergi, E., and V. Nikoletopoulou. "Macroautophagy and Normal Aging of the Nervous System: Lessons from Animal Models." *Cell Stress* 5, no. 10 (Oct 2021): 146-66. https://doi.org/10.15698/cst2021.10.257; https://www.ncbi.nlm.nih.gov/pubmed/34708187.

Kang, M. S., W. Kim, T. H. Kim, H. Y. Jung, H. J. Kwon, D. W. Kim, I. K. Hwang, and J. H. Choi. "Changes of Fat-Mass and Obesity-Associated Protein Expression in the Hippocampus in Animal Models of High-Fat Diet-Induced Obesity and D-Galactose-Induced Aging." *Lab Anim Res* 36 (2020): 20. https://doi.org/10.1186/s42826-020-00046-0; https://www.ncbi.nlm.nih.gov/pubmed/32647628.

Kanishka, and S. K. Jha. "Compensatory Cognition in Neurological Diseases and Aging: A Review of Animal and Human Studies." *Aging Brain* 3 (2023): 100061. https://doi.org/10.1016/j.nbas.2022.100061; https://www.ncbi.nlm.nih.gov/pubmed/36911258.

Kenney, M. J. "Animal Aging and Regulation of Sympathetic Nerve Discharge." *J Appl Physiol (1985)* 109, no. 4 (Oct 2010): 951-8. https://doi.org/10.1152/japplphysiol.00506.2010; https://www.ncbi.nlm.nih.gov/pubmed/20651223.

Khosa, S., B. Trikamji, G. S. Khosa, H. M. Khanli, and S. K. Mishra. "An Overview of Neuromuscular Junction Aging Findings in Human and Animal Studies." *Curr Aging Sci* 12, no. 1 (2019): 28-34. https://doi.org/10.2174/18746098126661906031 65746; https://www.ncbi.nlm.nih.gov/pubmed/31161982.

Kirkland, J. L., and C. Peterson. "Healthspan, Translation, and New Outcomes for Animal Studies of Aging." *J Gerontol A Biol Sci Med Sci* 64, no. 2 (Feb 2009): 209-12. https://doi.org/10.1093/gerona/gln063; https://www.ncbi.nlm.nih.gov/pubmed/19196900.

Klaestrup, I. H., M. K. Just, K. L. Holm, A. K. O. Alstrup, M. Romero-Ramos, P. Borghammer, and N. Van Den Berge. "Impact of Aging on Animal Models of Parkinson's Disease." *Front Aging Neurosci* 14 (2022): 909273. https://doi.org/10.3389/fnagi.2022.909273; https://www.ncbi.nlm.nih.gov/pubmed/35966779.

Kulus, M., W. Kranc, P. Sujka-Kordowska, P. Mozdziak, M. Jankowski, A. Konwerska, J. Kulus, et al. "The Processes of Cellular Growth, Aging, and Programmed Cell Death Are Involved in Lifespan of Ovarian Granulosa Cells During Short-Term Ivc - Study Based on Animal Model." *Theriogenology* 148 (May 2020): 76-88. https://doi.org/10.1016/j.theriogenology.2020.02.044; https://www.ncbi.nlm.nih.gov/pubmed/32160576.

Kunugi, H., and A. Mohammed Ali. "Royal Jelly and Its Components Promote Healthy Aging and Longevity: From Animal Models to Humans." *Int J Mol Sci* 20, no. 19 (Sep 20 2019). https://doi.org/10.3390/ijms20194662; https://www.ncbi.nlm.nih.gov/pubmed/31547049.

Ladiges, W. C. "Animal Models Play a Vital Role in Translational Aging Research." *Pathobiol Aging Age Relat Dis* 5 (2015): 27702. https://doi.org/10.3402/pba.v5.27702; https://www.ncbi.nlm.nih.gov/pubmed/25787940.

Lamar, M. "White Matter Microstructure in Brain Aging: Human and Animal Models."

Am J Geriatr Psychiatry 22, no. 2 (Feb 2014): 99-101. https://doi.org/10.1016/j.jagp.2013.10.008; https://www.ncbi.nlm.nih.gov/pubmed/24411619.

Le Couteur, D. G., D. Raubenheimer, S. Solon-Biet, R. de Cabo, and S. J. Simpson. "Does Diet Influence Aging? Evidence from Animal Studies." *J Intern Med* (Jun 14 2022). https://doi.org/10.1111/joim.13530; https://www.ncbi.nlm.nih.gov/pubmed/35701180.

Lee, H. S., M. R. Kim, Y. Park, H. J. Park, U. J. Chang, S. Y. Kim, and H. J. Suh. "Fermenting Red Ginseng Enhances Its Safety and Efficacy as a Novel Skin Care Anti-Aging Ingredient: In Vitro and Animal Study." *J Med Food* 15, no. 11 (Nov 2012): 1015-23. https://doi.org/10.1089/jmf.2012.2187; https://www.ncbi.nlm.nih.gov/pubmed/23126662.

Liang, G., Z. He, Y. Chen, H. Zhang, H. Peng, D. Zong, and Y. Long. "Existence of Multiple Organ Aging in Animal Model of Emphysema Induced by Cigarette Smoke Extract." *Tob Induc Dis* 20 (2022): 02. https://doi.org/10.18332/tid/143853; https://www.ncbi.nlm.nih.gov/pubmed/35087358.

Litke, R., K. H. Roh, Y. Yoon, S. Vangeti, I. Ramos-Lopez, H. Kaniskan, J. Jin, C. Kellner, and C. Mobbs. "Novel Compound Inhibits Glycolysis, Proteotoxicity, Inflammation, and Impairments in Animal Models of Alzheimer's, Huntington's, and Stroke: Aging as a Consequence of Glycolysis." *bioRxiv* (Jun 13 2023). https://doi.org/10.1101/2023.06.12.544352; https://www.ncbi.nlm.nih.gov/pubmed/37398396.

Liu, H. Y., C. F. Huang, T. C. Lin, C. Y. Tsai, S. Y. Tina Chen, A. Liu, W. H. Chen, et al. "Delayed Animal Aging through the Recovery of Stem Cell Senescence by Platelet Rich Plasma." *Biomaterials* 35, no. 37 (Dec 2014): 9767-76. https://doi.org/10.1016/j.biomaterials.2014.08.034; https://www.ncbi.nlm.nih.gov/pubmed/25239042.

Liu, T. H., W. Q. Tu, W. C. Tao, Q. E. Liang, Y. Xiao, and L. G. Chen. "Verification of Resveratrol Inhibits Intestinal Aging by Downregulating Atf4/Chop/Bcl-2/Bax Signaling Pathway: Based on Network Pharmacology and Animal Experiment." *Front Pharmacol* 11 (2020): 1064. https://doi.org/10.3389/fphar.2020.01064; https://www.ncbi.nlm.nih.gov/pubmed/32754039.

Lu, H., L. Ma, Y. Zhang, Y. Feng, J. Zhang, and S. Wang. "Current Animal Model Systems for Ovarian Aging Research." *Aging Dis* 13, no. 4 (Jul 11 2022): 1183-95. https://doi.org/10.14336/AD.2021.1209; https://www.ncbi.nlm.nih.gov/pubmed/35855343.

Lustgarten, J. "Cancer, Aging and Immunotherapy: Lessons Learned from Animal Models." *Cancer Immunol Immunother* 58, no. 12 (Dec 2009): 1979-89. https://doi.org/10.1007/s00262-009-0677-8; https://www.ncbi.nlm.nih.gov/pubmed/19238382.

Machado, S. A., J. M. Bahr, D. B. Hales, A. G. Braundmeier, B. J. Quade, and R. A. Nowak. "Validation of the Aging Hen (Gallus Gallus Domesticus) as an Animal Model for Uterine Leiomyomas." *Biol Reprod* 87, no. 4 (Oct 2012): 86. https://doi.org/10.1095/biolreprod.112.101188; https://www.ncbi.nlm.nih.gov/pubmed/22811571.

Martins, M. C. T., K. Jaceldo-Siegl, M. Orlich, J. Fan, A. Mashchak, and G. E. Fraser. "A New Approach to Assess Lifetime Dietary Patterns Finds Lower Consumption of Animal Foods with Aging in a Longitudinal Analysis of a Health-Oriented Adventist Population." *Nutrients* 9, no. 10 (Oct 13 2017). https://doi.org/10.3390/nu9101118; https://www.ncbi.nlm.nih.gov/pubmed/29027960.

McKenzie, B. A. "Comparative Veterinary Geroscience: Mechanism of Molecular, Cellular, and Tissue Aging in Humans, Laboratory Animal Models, and Companion Dogs and Cats." *Am J Vet Res* 83, no. 6 (May 8 2022). https://doi.org/10.2460/ajvr.22.02.0027; https://www.ncbi.nlm.nih.gov/pubmed/35524953.

McNeil, J. J., R. L. Woods, M. R. Nelson, et al. "Effect of aspirin on disability-free survival in the healthy elderly." *N Engl J Med*, vol. 379, no. 16 (2018), pp. 1499-1508.

Mehdipour, M., P. Amiri, C. Liu, J. DeCastro, C. Kato, C. M. Skinner, M. J. Conboy, K. Aran, and I. M. Conboy. "Small-Animal Blood Exchange Is an Emerging Approach for Systemic Aging Research." *Nat Protoc* 17, no. 11 (Nov 2022): 2469-93. https://doi.org/10.1038/s41596-022-00731-5; https://www.ncbi.nlm.nih.gov/pubmed/35986217.

Mendes, C., A. M. Lopes, F. G. do Amaral, R. A. Peliciari-Garcia, O. Turati Ade, S. M. Hirabara, J. H. Scialfa Falcao, and J. Cipolla-Neto. "Adaptations of the Aging Animal to Exercise: Role of Daily Supplementation with Melatonin." *J Pineal Res* 55, no. 3 (Oct 2013): 229-39. https://doi.org/10.1111/jpi.12065; https://www.ncbi.nlm.nih.gov/pubmed/23711171.

Mirzaei, H., S. Di Biase, and V. D. Longo. "Dietary Interventions, Cardiovascular Aging, and Disease: Animal Models and Human Studies." *Circ Res* 118, no. 10 (May 13 2016): 1612-25. https://doi.org/10.1161/CIRCRESAHA.116.307473; https://www.ncbi.nlm.nih.gov/pubmed/27174953.

Mitchell, S. J., M. Scheibye-Knudsen, D. L. Longo, and R. de Cabo. "Animal Models of Aging Research: Implications for Human Aging and Age-Related Diseases." *Annu Rev Anim Biosci* 3 (2015): 283-303. https://doi.org/10.1146/annurev-animal-022114-110829; https://www.ncbi.nlm.nih.gov/pubmed/25689319.

Moller, P., M. Lohr, J. K. Folkmann, L. Mikkelsen, and S. Loft. "Aging and Oxidatively Damaged Nuclear DNA in Animal Organs." *Free Radic Biol Med* 48, no. 10 (May 15 2010): 1275-85. https://doi.org/10.1016/j.freeradbiomed.2010.02.003; https://www.

ncbi.nlm.nih.gov/pubmed/20149865.

Naranjo-Galindo, F. J., R. Ai, E. F. Fang, H. L. Nilsen, and T. SenGupta. "C. Elegans as an Animal Model to Study the Intersection of DNA Repair, Aging and Neurodegeneration." *Front Aging* 3 (2022): 916118. https://doi.org/10.3389/fragi.2022.916118; https://www.ncbi.nlm.nih.gov/pubmed/35821838.

Niu, K. M., T. Bao, L. Gao, M. Ru, Y. Li, L. Jiang, C. Ye, S. Wang, and X. Wu. "The Impacts of Short-Term NMN Supplementation on Serum Metabolism, Fecal Microbiota, and Telomere Length in Pre-Aging Phase." *Front Nutr*. 2021 Nov 29;8:756243.

Nomellini, V., C. R. Gomez, R. L. Gamelli, and E. J. Kovacs. "Aging and Animal Models of Systemic Insult: Trauma, Burn, and Sepsis." *Shock* 31, no. 1 (Jan 2009): 11-20. https://doi.org/10.1097/SHK.0b013e318180f508; https://www.ncbi.nlm.nih.gov/pubmed/18636047.

Northrop, J. H. "The Influence of the Intensity of Light on the Rate of Growth and Duration of Life of Drosophila." *J Gen Physiol*. 1925 Sep 20;9(1): 81-86.

Oostindjer, M., and G. V. Amdam. "Systems Integrity in Health and Aging - an Animal Model Approach." *Longev Healthspan* 2, no. 1 (Jan 7 2013): 2. https://doi.org/10.1186/2046-2395-2-2; https://www.ncbi.nlm.nih.gov/pubmed/24472488.

Ortola, R., E. A. Struijk, E. Garcia-Esquinas, F. Rodriguez-Artalejo, and E. Lopez-Garcia. "Changes in Dietary Intake of Animal and Vegetable Protein and Unhealthy Aging." *Am J Med* 133, no. 2 (Feb 2020): 231-39 e7. https://doi.org/10.1016/j.amjmed.2019.06.051; https://www.ncbi.nlm.nih.gov/pubmed/31369726.

Padmanabhan, P., and J. Gotz. "Clinical Relevance of Animal Models in Aging-Related Dementia Research." *Nat Aging* 3, no. 5 (May 2023): 481-93. https://doi.org/10.1038/s43587-023-00402-4; https://www.ncbi.nlm.nih.gov/pubmed/37202516.

Palumbo, G., L. H. Kunze, R. Oos, K. Wind-Mark, S. Lindner, B. von Ungern-Sternberg, P. Bartenstein, S. Ziegler, and M. Brendel. "Longitudinal Studies on Alzheimer Disease Mouse Models with Multiple Tracer Pet/Ct: Application of Reduction and Refinement Principles in Daily Practice to Safeguard Animal Welfare During Progressive Aging." *Animals (Basel)* 13, no. 11 (May 30 2023). https://doi.org/10.3390/ani13111812; https://www.ncbi.nlm.nih.gov/pubmed/37531139.

Park, S. E., C. Y. Park, J. M. Choi, E. Chang, E. J. Rhee, W. Y. Lee, K. W. Oh, et al. "Depot-Specific Changes in Fat Metabolism with Aging in a Type 2 Diabetic Animal Model." *PLoS One* 11, no. 2 (2016): e0148141. https://doi.org/10.1371/journal.pone.0148141; https://www.ncbi.nlm.nih.gov/pubmed/26894429.

Patterson, S. K., R. M. Petersen, L. J. N. Brent, N. Snyder-Mackler, A. J. Lea, and J. P. Higham. "Natural Animal Populations as Model Systems for Understanding Early Life Adversity Effects on Aging." *Integr Comp Biol* 63, no. 3 (Sep 15 2023):

681-92. https://doi.org/10.1093/icb/icad058; https://www.ncbi.nlm.nih.gov/pubmed/37279895.

Popov, IIu. "[Distribution of the Different Patterns of Aging over the System of Animal World]." *Adv Gerontol* 24, no. 2 (2011): 179-88. https://doi.org/10.1134/s2079057011020135; https://www.ncbi.nlm.nih.gov/pubmed/21957572.

Rauktis, M. E., and J. Hoy-Gerlach. "Animal (Non-Human) Companionship for Adults Aging in Place During Covid-19: A Critical Support, a Source of Concern and Potential for Social Work Responses." *J Gerontol Soc Work* 63, no. 6-7 (Aug-Oct 2020): 702-05. https://doi.org/10.1080/01634372.2020.1766631; https://www.ncbi.nlm.nih.gov/pubmed/32420821.

Reggiani, P. C., B. Poch, G. M. Console, O. J. Rimoldi, J. I. Schwerdt, V. Tungler, M. M. Garcia-Bravo, M. Dardenne, and R. G. Goya. "Thymulin-Based Gene Therapy and Pituitary Function in Animal Models of Aging." *Neuroimmunomodulation* 18, no. 5 (2011): 350-6. https://doi.org/10.1159/000329495; https://www.ncbi.nlm.nih.gov/pubmed/21952687.

Rogers, R. S., H. Wang, T. J. Durham, J. A. Stefely, N. A. Owiti, et al. (2023), "Hypoxia extends lifespan and neurological function in a mouse model of aging." *PLOS Biology* 21(5): e3002117.

Romeu Montenegro, K., M. Amarante Pufal, and P. Newsholme. "Vitamin D Supplementation and Impact on Skeletal Muscle Function in Cell and Animal Models and an Aging Population: What Do We Know So Far?" *Nutrients* 13, no. 4 (Mar 28 2021). https://doi.org/10.3390/nu13041110; https://www.ncbi.nlm.nih.gov/pubmed/33800650.

Rouleau, P., and P. A. Guertin. "A Valuable Animal Model of Spinal Cord Injury to Study Motor Dysfunctions, Comorbid Conditions, and Aging Associated Diseases." *Curr Pharm Des* 19, no. 24 (2013): 4437-47. https://doi.org/10.2174/1381612811319240010; https://www.ncbi.nlm.nih.gov/pubmed/23360275.

Schouten, L. R., M. J. Schultz, A. H. van Kaam, N. P. Juffermans, A. P. Bos, and R. M. Wosten-van Asperen. "Association between Maturation and Aging and Pulmonary Responses in Animal Models of Lung Injury: A Systematic Review." *Anesthesiology* 123, no. 2 (Aug 2015): 389-408. https://doi.org/10.1097/ALN.0000000000000687; https://www.ncbi.nlm.nih.gov/pubmed/25919403.

Shoveller, A. K., L. M. McKnight, K. M. Wood, and J. P. Cant. "Lessons from Animal Nutritionists: Dietary Amino Acid Requirement Studies and Considerations for Healthy Aging Studies." *Ann N Y Acad Sci* 1418, no. 1 (Apr 2018): 20-30. https://doi.org/10.1111/nyas.13546; https://www.ncbi.nlm.nih.gov/pubmed/29363772.

Simpson, T., C. Kure, and C. Stough. "Assessing the Efficacy and Mechanisms of

Pycnogenol® on Cognitive Aging from in Vitro Animal and Human Studies." *Front Pharmacol* 10 (2019): 694. https://doi.org/10.3389/fphar.2019.00694; https://www.ncbi.nlm.nih.gov/pubmed/31333448.

Snell, T. W., Rachel K. Johnston, and Brande L. Jones. "Hypoxia extends lifespan of Brachionus manjavacas (Rotifera)." *Limnetica*, 38(1): 159-166 (2019).

Sprott, R. L. "Introduction: Animal Models of Aging: Something Old, Something New." *ILAR J* 52, no. 1 (2011): 1-3. https://doi.org/10.1093/ilar.52.1.1; https://www.ncbi.nlm.nih.gov/pubmed/21411852.

Syed, F. A., and K. A. Hoey. "Integrative Physiology of the Aging Bone: Insights from Animal and Cellular Models." *Ann N Y Acad Sci* 1211 (Nov 2010): 95-106. https://doi.org/10.1111/j.1749-6632.2010.05813.x; https://www.ncbi.nlm.nih.gov/pubmed/21062298.

Triani, F., A. Tramutola, F. Di Domenico, N. Sharma, D. A. Butterfield, E. Head, M. Perluigi, and E. Barone. "Biliverdin Reductase-a Impairment Links Brain Insulin Resistance with Increased Abeta Production in an Animal Model of Aging: Implications for Alzheimer Disease." *Biochim Biophys Acta Mol Basis Dis* 1864, no. 10 (Oct 2018): 3181-94. https://doi.org/10.1016/j.bbadis.2018.07.005; https://www.ncbi.nlm.nih.gov/pubmed/29981845.

Ukraintseva, S., M. Duan, K. Arbeev, D. Wu, O. Bagley, A. P. Yashkin, G. Gorbunova, et al. "Interactions between Genes from Aging Pathways May Influence Human Lifespan and Improve Animal to Human Translation." *Front Cell Dev Biol* 9 (2021): 692020. https://doi.org/10.3389/fcell.2021.692020; https://www.ncbi.nlm.nih.gov/pubmed/34490245.

Ureshino, R. P., A. J. Costa, A. G. Erustes, Gjds Pereira, R. Sinigaglia-Coimbra, and S. S. Smaili. "Effects of Aging in the Striatum and Substantia Nigra of a Parkinson's Disease Animal Model." *Toxicol Pathol* 46, no. 3 (Apr 2018): 348-58. https://doi.org/10.1177/0192623318767065; https://www.ncbi.nlm.nih.gov/pubmed/29683090.

Verhulst, A., E. Neven, and P. C. D'Haese. "Characterization of an Animal Model to Study Risk Factors and New Therapies for the Cardiorenal Syndrome, a Major Health Issue in Our Aging Population." *Cardiorenal Med* 7, no. 3 (Jun 2017): 234-44. https://doi.org/10.1159/000462984; https://www.ncbi.nlm.nih.gov/pubmed/28736564.

Villalobos, T. V., B. Ghosh, K. R. DeLeo, S. Alam, C. Ricaurte-Perez, A. Wang, B. M. Mercola, et al. "Tubular Lysosome Induction Couples Animal Starvation to Healthy Aging." *Nat Aging* 3, no. 9 (Sep 2023): 1091-106. https://doi.org/10.1038/s43587-023-00470-6; https://www.ncbi.nlm.nih.gov/pubmed/37580394.

Wilson, D. M., L. Underwood, E. Carr, D. P. Gross, M. Kane, M. Miclak, J. E. Wallace, and C. A. Brown. "Older Women's Experiences of Companion Animal Death: Impacts on Well-Being and Aging-in-Place." *BMC Geriatr* 21, no. 1 (Aug 23 2021): 470. https://doi.org/10.1186/s12877-021-02410-8; https://www.ncbi.nlm.nih.gov/pubmed/34425778.

Wise, P. M. "Corrigendum to "Estrogen Therapy: Does It Help or Hurt the Adult and Aging Brain? Insights Derived from Animal Models" [Neuroscience 138 (2006) 831-835]." *Neuroscience* 284 (Jan 22 2015): 1012. https://doi.org/10.1016/j.neuroscience.2014.09.056; https://www.ncbi.nlm.nih.gov/pubmed/32707631.

Yabluchanskiy, A., A. Nyul-Toth, A. Csiszar, R. Gulej, D. Saunders, R. Towner, M. Turner, et al. "Age-Related Alterations in the Cerebrovasculature Affect Neurovascular Coupling and Bold Fmri Responses: Insights from Animal Models of Aging." *Psychophysiology* 58, no. 7 (Jul 2021): e13718. https://doi.org/10.1111/psyp.13718; https://www.ncbi.nlm.nih.gov/pubmed/33141436.

Yang, M. H., Y. A. Chen, S. C. Tu, P. L. Chi, K. P. Chuang, C. C. Chang, C. H. Lee, et al. "Utilizing an Animal Model to Identify Brain Neurodegeneration-Related Biomarkers in Aging." *Int J Mol Sci* 22, no. 6 (Mar 23 2021). https://doi.org/10.3390/ijms22063278; https://www.ncbi.nlm.nih.gov/pubmed/33807010.

Youssef, S. A., M. T. Capucchio, J. E. Rofina, J. K. Chambers, K. Uchida, H. Nakayama, and E. Head. "Pathology of the Aging Brain in Domestic and Laboratory Animals, and Animal Models of Human Neurodegenerative Diseases." *Vet Pathol* 53, no. 2 (Mar 2016): 327-48. https://doi.org/10.1177/0300985815623997; https://www.ncbi.nlm.nih.gov/pubmed/26869150.

Zhang, J., M. K. Fallahzadeh, and P. A. McCullough. "Aging Male Spontaneously Hypertensive Rat as an Animal Model for the Evaluation of the Interplay between Contrast-Induced Acute Kidney Injury and Cardiorenal Syndrome in Humans." *Cardiorenal Med* 7, no. 1 (Nov 2016): 1-10. https://doi.org/10.1159/000447542; https://www.ncbi.nlm.nih.gov/pubmed/27994597.

Zheng, J., T. Zhu, G. Yang, L. Zhao, F. Li, Y. M. Park, F. K. Tabung, et al. "The Isocaloric Substitution of Plant-Based and Animal-Based Protein in Relation to Aging-Related Health Outcomes: A Systematic Review." *Nutrients* 14, no. 2 (Jan 9 2022). https://doi.org/10.3390/nu14020272; https://www.ncbi.nlm.nih.gov/pubmed/35057453.

찾아보기